浙江大学出版社
ZHEJIANG UNIVERSITY PRESS

国家自然科学基金科研仪器研制项目
成果汇编（信息）

国家自然科学基金委员会 ◎ 编

浙江大学出版社
ZHEJIANG UNIVERSITY PRESS
·杭州·

图书在版编目（CIP）数据

国家自然科学基金科研仪器研制项目成果汇编. 信息/
国家自然科学基金委员会编. -- 杭州 ： 浙江大学出版社，
2024.5

科研仪器项目

ISBN 978-7-308-24951-5

Ⅰ．①国… Ⅱ．①国… Ⅲ．①信息技术－科研项目－
科技成果－汇编－中国 Ⅳ．①G322-12

中国国家版本馆CIP数据核字(2024)第094119号

国家自然科学基金科研仪器研制项目成果汇编（信息）

国家自然科学基金委员会 编

出版事务统筹 国家自然科学基金委员会科学传播与成果转化中心

责任编辑 陈 宇 金佩雯

责任校对 赵 伟

封面设计 林智广告

出版发行 浙江大学出版社

（杭州市天目山路148号　　邮政编码 310007）

（网址：http://www.zjupress.com）

排 版 杭州林智广告有限公司

印 刷 浙江海虹彩色印务有限公司

开 本 889mm×1194mm 1/16

印 张 11

字 数 260千

版 印 次 2024年5月第1版 2024年5月第1次印刷

书 号 ISBN 978-7-308-24951-5

定 价 88.00元

资助与展望

国家重大科研仪器研制项目是国家自然科学基金资助体系的重要组成部分。信息科学领域的科研仪器研制，在提升我国信息科技创新、解决国家关键科研仪器受制于人等方面起到了积极推动作用。本书回顾了信息科学领域科研仪器研制项目自实施以来的申请和资助情况，展示了这类项目在原创性科研仪器研制、关键技术突破和高端科研人才培养等方面取得的成效，针对现有问题和挑战提出了建议，并对未来发展方向进行了展望。

信息科学领域科研仪器研制项目始于1998年，国家自然科学基金委员会（以下简称自然科学基金委）为落实1997年全国科研条件工作会议提出的"将科学仪器基础研究纳入国家自然科学基金资助范围，特别支持创新性的新型仪器研究"精神，根据原国家科学技术委员会"'九五'国家科技攻关计划"中科学基金"要设立专项基金、开辟适当渠道资助一些新型的、有特色的科学仪器和装备的研制与更新"的部署，设立了科学仪器基础研究专款项目。2011年，为进一步贯彻落实《国家中长期科学和技术发展规划纲要（2006—2020年）》，推动我国重大科研仪器设备自主研制工作，中央财政拨专款设立国家重大科研仪器设备研制专项，资助具有重大科学意义的原创性科研仪器设备的研制。2014年，科学仪器基础研究专款项目与国家重大科研仪器设备研制专项合并，更名为国家重大科研仪器研制项目。项目资助定位：对促进科学发展、开拓研究领域具有重要作用的原创性科研仪器设备的研制；通过关键核心技术突破或集成创新，用于发现新现象、揭示新规律、验证新原理、获取新数据的科研仪器设备的研制；具有广泛应用前景的新颖科学仪器和部件的研制。

国家重大科研仪器研制项目目前分为部门推荐和自由申请两个亚类，其中部门推荐类适用于经费预算在1000万元及以上的项目，自由申请类适用于预算小于1000万元的项目。国家重大科研仪器研制项目的资助期限为5年，合作研究单位不超过5家。

一、申请与资助情况

科研仪器研制项目自启动以来，信息科学领域在1998—2022年共收到申请2861项，其中356项获得资助，整体资助率为12.44%。从依托单位来看，共有96家依托单位获得资助，其中资助项目相对集中的单位如下图所示，获得资助项目10项及以上的单位有北京航空航天大学、北京理工大学、清华大学、天津大学、上海交通大学、北京大学和电子科技大学。从项目申请人看，共有305名申请人获得资助。

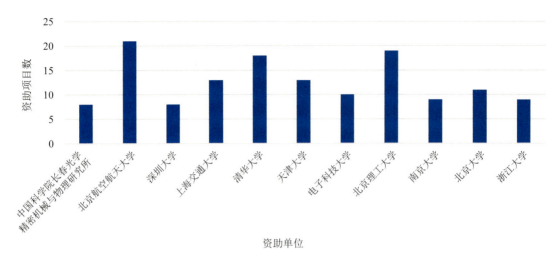

图　获得资助项目相对集中的单位

从科研经费和项目类型看，截止到2022年，信息科学领域科研仪器类项目共资助经费279059万元，其中科学仪器基础研究专款项目有110项，资助经费为22180万元；国家重大科研仪器设备研制专项有25项，资助经费为48110万元；国家重大科研仪器研制项目有221项，资助经费为208769万元。从资助成果来看，项目不仅产出了一系列高水平学术论文和专利，研制了很多在科研和解决国家重大需求中发挥重要作用的仪器，还培养了一批高水平科研团队。

二、各分支领域的资助成果分析

信息科学领域科研仪器研制项目主要分布在电磁源与电磁探测技术、医学与生物学仪器、控制与测量、半导体及制造技术、光源与光信号源相关仪器、成像与显示、光学测量与传感等七大领域。

电磁源与电磁探测技术领域涉及无线电信号检测、多波束阵的空口射频测试、雷达差分干涉测量、高压脉冲源研制、磁异常探测、高速目标等离子体等方向的电磁设备研发。"通用无线电信号检测分析仪"项目团队提出了信号与射频指纹特征耦合的频谱认知新思路，研制了具有自主知识产权的电磁空间频谱测量仪器，实现了对通信电磁空间频谱高精准、深层次测量的认知与分析。研究成果获国家技术发明奖二等奖、日内瓦国际发明展金奖等多项奖励。"临近空间高速目标等离子体电磁科学实验研究装置"项目团队突破了宽参数范围等离子体产生、强非均匀高动态等离子体调控、高时空分辨率等离子体诊断、高精度多维度电磁测量等核心理论方法与关键技术，研制完成了宽范围、强碰撞、非均匀和高动态等离子体参数特征产生与调控、多诊断方法融合和多维度电磁测量能力的电磁科学实验研究装置，填补了该领域科学实验仪器的空白。研究成果获国防技术发明奖一等奖等多个省部级科技奖励。

医学与生物学仪器领域涉及肿瘤细胞毫米波检测、神经信号同步检测、肿瘤标志物多维快速分离及超敏检测、电子内窥镜系统、颞骨专用锥形束研制等方向的设备研发。"低剂量、超高分辨力颞骨专用锥形束CT（CBCT）研制"项目团队解决了小视野数据重建、散射校正、几何标定、运动校正等一系列算法难题，研制了超高分辨力颞骨专用锥形束CT整机系统，空间分辨力达50μm，比通用临床CT提高了6倍，实现了空间分辨力从亚毫米级向十微米级的跨越。仪器通过了国家药品监督管理局的《创新医疗器械特别审查程序》，已获批国家医疗器械三类注册证，并成功建立了批量生产线。研究成果获国家科学技术进步奖二等奖。"循环肿瘤标志物多维快速分离及超敏检测仪器研制"项目团队建立了基于微流控芯片的循环肿瘤细胞、游离核酸及外泌体分离方法，与企业合作形成基于旋转混匀的磁珠法核酸提取仪及配套的磁珠法核酸提取试剂盒。研究成果在新冠疫情防控中装备到全国30多个省（市、区），并检出四川、云南、黑龙江、陕西等地首例确诊病例。研究成果获国家科技进步奖二等奖。

控制与测量领域涉及仿生智能感知、航天器姿态测量、角加速度测量、磁场与惯性测量、重力补偿测试等设备研发。"基于原子自旋效应的超高灵敏磁场与惯性测量实验研究装置"项目团队研制了一套超高灵敏装置，该装置可用于原子自旋极化的精密操控、原子自旋进动的高精度检测等新原理和新方法的实验研究，可为物质的极弱磁性研究、超高精度惯性导航与制导技术研究提供先进的实验平台。项目支撑建设了"十四五"国家重大科技基础设施，填补了零磁环境下基础研究的空白。"动力电池综合测试与智能模拟仪器研制"项目团队攻克了电池测试独有的极端复杂工况和严苛指标带来的重大技术挑战，研制了基于SiC器件的动力电池智能测试模拟仪器及系列产品，破解了电池测试与模拟智能程度低、响应慢、精度低、损耗大和测试周期长等关键难题。研究成果获何梁何利基金科学与技术进步奖和第十四届光华工程科技奖等。

半导体及制造技术领域涉及基于MEMS技术的新型薄膜真空计和近地层梯度风测量、氧化层电缺陷演化原位分析、薄膜外延生长、无掩模激光直写纳米光刻、大口径光学干涉场曝光等多个方向的设备研发。"二维电子材料及纳米量子器件的研究和原位分析仪器"项目团队提出了一种全新的面吸附反应的薄膜生长机理，研发了可变电场调制的原子层沉积与逐层调控的原位分析仪器。该仪器可研究二维电子材料生长过程中的大面积形核、表面形态、缺陷形成等热力学和动力学过程及二维电子材料的能带、边界、量子效应、输运特性等科学问题，可实现二维电子材料单原子层的逐层生长（可选区）和调控，得到具有新型功能的高质量二维电子材料与量子电子器件。研究成果获国家自然科学奖二等奖。"用于氮化物生长的柔性衬底制备及其外延的高温气相沉积系统"项目团队提出了构建基于二维材料的复合柔性衬底和GaN基材料外延点缺陷实时调控的技术原理，将可制备基于二维材料/传统衬底的复合柔性衬底的腔室和点缺陷实时调控的GaN基材料外延腔室集成于一体，突破了高温多气氛围多腔室的设计制造难点，实现了高质量AlN、AlGaN材料及高Al组分AlGaN的p型掺杂。

光源与光信号源相关仪器涉及光子集成宽带混沌信号发生器、光子毫米波噪声发生器、中远红外超连续谱光源、光信号逻辑分析仪、基于光学微腔的信息物理基础实验平台、可调谐光频梳系统等多个方向的设备研发。"基于回音壁模式光学微腔的信息物理基础实验平台研制"项目团队开发的基础实验平台，首次通过实验实现了光学模式的奇异面探测，观测到了模式劈裂的抑制现象及探测灵敏度的增强；在楔形腔中验证了光学微腔和光纤锥模式匹配以及光学萨格纳克（Sagnac）效应等，实现了基于回音壁模式光学微腔的角速度测量，为未来微腔陀螺仪研制提供了实验基础。"中远红外超连续谱光源研制"项目团队突破多项中红外光子器件制备瓶颈，集成了中红外激光高功率放大、特种光纤激光耦合、异质光纤间低损耗熔接、光机电一体等核心技术，光源光谱覆盖2~8μm、平均激光功率为730mW、长时间功率稳定性均方根（RMS）值低于1%。基于该项目研发的光纤及光源已广泛应用于国内各大高校、科研院所和企业。

成像与显示领域涉及极高密度二维折叠光谱成像、超分辨光学显微成像、高性能光场近眼显示、超导约瑟夫森探针显微镜、太赫兹近场扫描隧道显微镜等方向的成像显示设备研发。"并行纳米光场调控荧光辐射微分三维超分辨成像系统"项目团队提出了新型宽场并行调控荧光辐射微分层析显微术，研制了具有自主知识产权的超分辨成像系统，该系统能够在厚样品中实现多色、三维、长时间、实时、纳米分辨。研究成果获国家技术发明奖二等奖，且通过专利技术许可的方式实现了成果转化，在多个国家和地区的研究机构、医院等单位中应用。"符合人眼观察习惯的高性能光场近眼显示系统"项目团队研制了高性能真实感近眼显示系统，为用户浸没式/透视式视觉信息输入提供了虚拟现实/增强现实和新型三维显示的高性能核心呈现平台。

光学测量与传感领域涉及光纤感测、光谱探测、激光雷达、激光光场在线测量、瞬态燃烧场定量测量等多个方向的设备研发。"城市地下扰动场分布式光纤感测仪"项目团队攻克了单源单纤多参量同步获取、强光学背景噪声中的微弱低频信号提取、扰动源定位与声场特征提取等关键核心技术，研制出了基于城市地下既有通信光缆网络的高精度微扰场多参量连续分布式光纤感测仪，相关技术在全国10多个省份应用推广。"单次测量超短超强激光远场处脉冲信噪比的超高动态范围互相关仪"项目团队解决了超高信噪比单发次测量难题，提出了"时间映射和拉伸"的"超快示波器版本"测量方案和双通道互相关测量等关键技术，并首次在强激光测量中观察到少光子探测中的探测器"散粒噪声"量子效应，仪器已应用于中国科学院和中国工程物理研究院等研究院所的拍瓦级强激光实验系统。

三、思考与展望

科研仪器是认识和探索世界的重要工具，重大的科研突破通常需要高精密的科研仪器作为支撑。很多诺贝尔奖获得者取得的研究成果都离不开先进科研仪器的支持，诺贝尔奖也曾多次直接授予先进科研仪器的发明者，如弗里茨·赛尔尼克因发明相衬显微镜而获得1953年诺贝尔物理学奖，格尔德·宾宁和海因里希·罗雷尔因发明扫描隧道显微镜而获得1986年诺贝尔物理学奖。作为科技研发的核心动力，仪器设备对于提高我国科技水平与核心竞争力有着举足轻重的作用。然而，高端科研仪器的自主研制一直是我国的短板，部分技术领域更是被国外垄断。自然科学基金委国家重大科研仪器研制项目设立的初衷就是研制一批对促进科学发展、开拓研究领域具有重要作用的原创性科研仪器设备，通过关键核心技术突破或集成创新，提高我国高端仪器装备的研发能力，推动我国科学技术的发展。自国家重大科研仪器研制项目设立至今的20多年时间里，涌现了多项具有原始创新的科研仪器装备，取得了一批重要的学术成果，部分仪器的核心指标已达到或超过国际最高水平。此外，国家重大科研仪器研制项目执行的过程中也培养了一批科研仪器研发人才，积累了丰富的关键技术和部件攻关经验，为我国未来高端仪器研制提供了有力支撑。但项目执行过程中也暴露出一些问题，如项目在执行过程中偏离预定目标、合作团队之间配合的紧密度不够、项目难度预判不足而出现延期等。在今后的管理工作中，还需从以下几个方面出发，不断强化国家重大科研仪器研制项目的过程管理与监督。

多学科交叉，合作创新。科研仪器项目的成功实施通常需要深度的学科交叉和广泛的合作创新。在当今科技快速发展的背景下，许多科学问题往往涉及多个学科领域，因而多学科的交叉融合能够更全面、更深入地理解和解决这些复杂且具有挑战性的科学与技术问题。这种跨学科的合作不仅能够推动各个学科领域的进步，还有助于形成新的研究范式和方法论。此外，合作创新也是推动科研仪器项目成功的关键因素之一。因此，可以通过不同高校、科研院所和企业团队间的协同努力，充分利用各方的专长与资源，提高科研仪器的研发水平和创新能力。

软硬件结合，集成创新。在当今科技快速发展的环境下，先进的科研仪器不再局限于硬件设备的开发，还需要将先进的硬件技术与创新的软件系统相结合，以实现更高的仪器性能。硬件需要依托先进的制造技术和材料科学，是仪器的实体基础；而通过智能化的软件算法、数据处理和控制系统，可以使仪器更加灵活、智能，使其能更好地适应不同科研任务的需求。软硬件的紧密结合和集成创新不仅是硬件与软件的简单堆叠，更是要在设计和研发的各个环节中寻求协同，充分挖掘两者间潜在的协同效益，使仪器系统呈现出更高水平的综合性能。

更新换代快，超前布局。当前，科研仪器更新换代的速度迅猛，这就要求仪器的研制必须提前布局，以适应技术快速升级和新仪器层出不穷的挑战。一方面，在项目的申报阶段就需要考虑指标在未来几年的发展情况，提前预测科研技术的发展趋势，加强技术创新，以保证研发仪器的先进性；另一方面，需要密切关注国际科研动态，保持敏锐的科技洞察力，及时吸纳全球最新的科研仪器研发成果，建立开放的国际合作机制，促进知识共享和技术交流。

工具属性强，需求牵引。科研仪器具有鲜明的工具属性，能为实际应用提供高精度、高效率的实验手段，可有力助推科学研究的深入发展，是科学探索的利器。因此，科研仪器研制项目也具有明显的需求牵引特点。科研人员对于仪器功能、仪器性能和仪器应用领域的需求直接推动了仪器技术的不断创新和提升。在研制过程中，必须深入了解科研人员的实际需要，紧密结合科研目标，确保科研仪器的设计和性能能够切实满足多样化的科研需求。与此同时，自然科学基金委国家重大科研仪器研制项目的布局也需要思考"卡脖子"技术背后的科学问题。

依托仪器项目，培养人才。国家重大科研仪器研制项目实施的目标除了产出科学研究的重要工具外，更是培养专业人才的重要平台。我国研究队伍规模庞大，但是从事高端仪器研制的专业人才相对缺乏。年轻科研人员如果参加国家重大科研仪器研制项目，可以接触最前沿的科技设备和研究手段，拓展视野、积累经验，快速提高专业技能。实践证明，国家重大科研仪器研制项目为我国培养了一批高水平、高素质的科研人才，为国家科技创新和发展提供了有力支撑。

国家自然科学基金委员会信息科学部：钟财军　张丽佳

何　杰　刘　克

目 录 CONTENTS

电磁源与电磁探测技术

医学与生物学仪器

控制与测量

半导体及制造技术

光源与光信号源相关仪器

成像与显示

光学测量与传感

电磁源与电磁探测技术

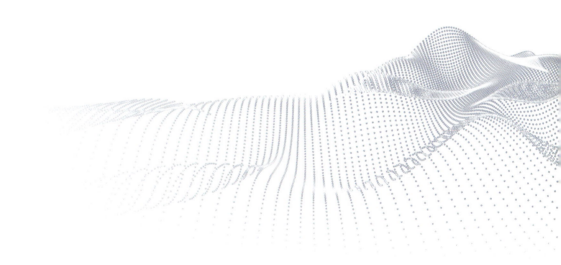

通用无线电信号检测分析仪

电磁频谱测量作为观察空中无线电波的"眼睛"，是衡量国家电磁空间频谱管理与安全使用的关键技术。我国无线电信号检测与分析起步较晚，频谱检测与分析技术及相关的仪器远落后于欧美等发达国家。我国现有技术仅对已知、特定的电磁环境有一定的监测能力，尚未具备对宽带、瞬变、未知、复杂电磁环境的快速测量和深度认知能力。国外对高端无线电信号检测与频谱分析仪器及技术的禁运与封锁，不仅制约了我国无线电秩序监测、恶意无线电信号干扰排查工作的开展，还对我国以电磁频谱战为核心的信息化作战能力提出了挑战。

北京邮电大学张平教授团队针对如何精准、快速认知无线电环境这一问题，从信号、发射源、网络三个维度出发，提出"信号与射频指纹特征耦合的频谱认知"新思路，研制了具有自主知识产权的电磁空间频谱测量仪器，实现了对通信电磁空间频谱高精准、深层次测量的认知与分析。

仪器具有以下两个方面的创新点。

（1）单信号检测。该仪器的信号检测精度与信号调制方式等指标优于或相近于国外同类型产品[如美国是德科技（Keysight）公司，原安捷伦（Agilent）公司的N6841A/E3238S；美国罗德施瓦茨（R&S）公司的FSV/FSVR；日本安立（Anritsu）公司的MS2711E]，已达到国际先进水平。该仪器对130.80dBm微弱信号具有97.495%的检测准确率，具备31种信号调制方式盲识别能力。经权威机构测试，该仪器能够在2dB信噪比下以90.1%的准确率识别16种信号调制方式。此外，该仪器还具备对时-频-空完备双混叠、三混叠信号的个数检测能力，并具备干扰、混叠场景下的信号调制方式识别能力，且这些能力均达到国际领先水平。

（2）多网多制式频谱认知。该仪器在多制式协议级解析能力上优于国外同类型产品（如Keysight公司的N6841A/E3238S和Anritsu公司的MS2711E），具备10种移动通信制式（GSM、GSM-R、WCDMA、CDMA2000、TD-SCDMA、TD-LTE、FDD-LTE、5G NR、1.4G与1.8G专用移动通信网络）协议级解析能力，达到了国际先进水平。该仪器具备多网多制式频段占用度、时间占用度、区域覆盖率、用户承载率等业务级统计分析能力。此外，该仪器还具有多用户用频态势分析能力，可支持对网络小区内用户数量估计与用频业务分类，可有效支撑小规模不法活动（如诈骗电话等）的发现与边境非法、异常活动的侦测与预警。

第三方机构测试的指标对比如下表所示。

指标对比

技术方向	技术指标	团队研制的仪器	Anritsu 公司的 MS2711E	Keysight 公司的 E3238S/N6841A	R&S 公司的 FSV/FSVR
单信号检测	检测灵敏度 /dBm	−130.8	−130.53	−120.51	−131.95
	混叠源识别	具备完备两混叠、三混叠信号个数检测能力	—	—	—
	调制方式识别	具备 31 种信号调制方式盲识别能力；经权威机构测试，该仪器支持在 2dB 信噪比下以 90.1% 的准确率识别 16 种信号调制方式	支持在 10dB 信噪比下识别 12 种信号	支持 25 种信号调制方式识别能力，测试条件未给出	支持 23 种信号调制方式识别能力，测试条件未给出
		具备干扰条件下的信号调制方式识别能力	—	—	—
多制式频谱认知	多制式协议级业务级解析能力	具备 10 种移动通信制式协议级解析能力；具有多网多制式频率资源使用率业务级统计分析能力	支持 5 种移动通信制式信道功率测量能力	支持 6 种移动通信制式信道功率测量能力	支持 8 种移动通信制式信道功率测量能力
	多用户用频态势分析	实现了对网络小区内用户数量估计与用频业务分类	—	—	—

　　该仪器的相关技术已成功应用于北京冬季奥林匹克运动会（北京冬奥会）组织委员会技术部、山东省/河北省/深圳市无线电监测站、中国铁路北京局集团有限公司电务部以及国家无线电监测中心检测中心等单位的日常工作中，在维护频谱秩序、保障用频安全、提高用频效率等方面发挥了重要作用。具体案例如下。

　　（1）微弱信号检测与发射源个体识别技术在北京冬奥会等重大活动的用频安全、指挥、转播通信等电磁态势信息保障任务中发挥了重要作用。

　　（2）应用于民航、香港警用通信系统的无线电干扰排查工作中，保障了深圳、香港两地的通信系统安全与民航飞行安全，维护了人民群众的生命财产与安全。

　　（3）混叠、微弱无线信号检测技术应用于中国铁路数字移动通信空中接口（Um接口）监测中，进一步提高了铁路通信运维技术水平。

　　（4）多网多制式频谱认知方法应用于陆地移动通信业务频率使用率评价测试工作，为我国移动通信频率使用规范化、高效化发挥了重要作用。

　　相关成果形成论文多篇，获授权发明专利10余项，先后获得全国创新争先奖章、国家技术发明奖二等奖、中国通信学会科学技术奖一等奖、日内瓦国际发明展金奖等多项奖励。

　　随着空天地一体化信息网络高度融合发展，且伴随着无线通信赋能（如智能工厂、电力等垂直行业），该仪器具备的时空快变信号检测与识别技术、多网多制式频谱认知方法与关键技术，可无缝迁移并支撑未来空天地与各类垂直行业紧密耦合的无线网络的无线侧监控与空口安全保障，具有广阔的应用前景。

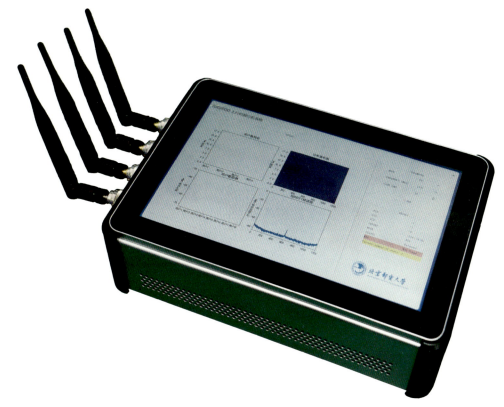

▲ 电磁空间频谱测量仪器

黄赛，huangsai@bupt.edu.cn，北京邮电大学

面向高陡岩质边坡滑坡机理研究的雷达差分干涉测量分析仪

我国是地质灾害高发国家，每年的地质灾害均造成重大经济损失和人员伤亡。边坡是指具有一定坡度的自然或人工坡面。边坡滑坡发生突然、危害性大，是主要的地质灾害类型之一。地表形变监测是滑坡预警的重要手段，地基差分干涉雷达是滑坡监测预警的主流技术装备。

北京理工大学曾涛教授团队围绕滑坡机理和临滑预警对边坡三维形变场的测量需求，成功研制出多基地多输入多输出（multiple-input multiple-output，MIMO）雷达差分干涉测量分析仪器，提出地基MIMO干涉雷达阵列设计、宽带通道校准、快速成像新方法，实现了从机械扫描成像到电子扫描成像的换代升级，使测量速度较现有设备提升了一个数量级。团队提出自适应门限匹配与多维特征聚类的高质量永久散射点选择方法和时空变大气扰动误差补偿方法，解决了欠相干条件下干涉测量性能下降难题。团队还提出了基于数字高程模型（digital elevation model，DEM）辅助和特征点匹配的多角度雷达图像配准方法与基于最优化理论的三维形变场反演方法，实现了三维形变场的高精度测量。该仪器在国际上率先实现了地基差分干涉雷达边坡三维形变场高精度快速遥感测量，成功将地基干涉雷达形变测量能力从一维提升至三维，测量速度提升了一个数量级，为滑坡机理研究和滑坡预警提供了新的监测手段。

仪器的技术创新点如下。

（1）提出了地基MIMO雷达远近场一体快速精准成像技术。针对现有MIMO雷达在远近场条件下存在的栅瓣水平高、后向投影成像运算量大的问题，建立了MIMO雷达近场散焦和栅瓣分析模型，提出了基于遗传算法的MIMO阵列设计新方法和基于子孔径分块的远近场快速精准成像新方法，实现了远近场、低栅瓣精准成像，使成像速度从传统机械扫描的分钟级提升到了秒级。

（2）提出了永久散射体（permanent scatterers，PS）点动态优选的复杂环境扰动补偿技术方法。在复杂地表和大气等环境扰动下，常规的PS点选择和大气扰动补偿方法存在PS数量不稳定、质量差及补偿精度不足等问题。因此，团队提出了多维特征组合识别的PS点动态优选新方法和基于静止PS点的大气扰动误差补偿新方法，解决了复杂环境下PS点的稳定优选和时空变大气扰动补偿的难题，实现了复杂环境下亚毫米级高精度形变测量。

（3）提出了多基地雷达协同三维形变测量技术。针对不同观测角度下雷达图像配准和协同测量构型约束下高精度三维形变解算难题，提出了多基地雷达图像高精度配准和三维形变解算新方法；通过关联空时同名点的多角度图像配准方法，实现了大视角差异下亚像素级图像配准；通过基于形变空间相关性的区域联合解算方法，实现了构型约束下的高精度三维形变解算，精度较常规方法改善了3倍，在国际上首次实现了基于地基差分干涉雷达的毫米级三维形变测量。

（4）研发了国内首部MIMO体制地基差分干涉雷达、首部多基地MIMO体制三维形变测量雷达等新型装备，提升了地基差分干涉雷达在滑坡灾害防灾减灾领域的应用效能。

该仪器主要的应用领域包括山体滑坡监测、矿山边坡监测、地质灾害应急救援和滑坡机理与滑坡监测预警研究。

相关成果形成论文多篇，获授权发明专利16项，其中4项发明专利已转化应用。作为核心技术，其支撑了第一代合成孔径式和第二代MIMO电子扫描式国产地基差分干涉雷达的产业化应用，并在四川、福建、甘肃、河北等地部署应用50余套。研发的MIMO地基干涉雷达和地基差分干涉合成孔径雷达（synthetic aperture radar，SAR）系统多次参与了贵州纳雍"8·28"山体滑坡抢险救援、金沙江白格滑坡应急监测等重要任务。

多基地MIMO雷达　　　数据处理中心　　　三维形变处理软件

▲ 多基地 MIMO 雷达差分干涉测量分析仪系统组成

田卫明，tianwei6779@163.com，北京理工大学

固态兆赫兹连续高重复频率高压脉冲源

高压脉冲源是产生高压电脉冲的仪器，是等离子体物理、受控核聚变、核爆炸模拟、闪光 X 射线照相、高功率激光、高功率微波、电磁脉冲雷达及超宽带通信、电磁发射（或推进）、粒子束武器、电磁成型、环保、生物医疗等前沿基础领域和高新技术领域的关键设备。脉冲功率技术传统上服务于国防技术领域，一般是单次运行。随着军事、高能物理领域需求的提高，尤其是脉冲功率技术在医学、工业、环保等领域的应用，对高重复频率脉冲（即要求脉冲源处于高重复频率的工作状态）的需求愈发迫切。新一代脉冲源不再单纯追求单次脉冲的大功率或快上升沿，而是更重视脉冲源的高重复频率、精确可控性和灵活性，还要兼顾脉冲源的可靠性、体积、造价等指标。目前，许多重要科学和新技术问题的解决需要用到高重复频率脉冲源。

上海交通大学毛军发教授团队通过分析各类固态半导体高压开关器件的物理特性、物理极限及高压脉冲电磁干扰特性，研究了当前技术条件下固态脉冲源高连续重复频率实现的理论方法、关键技术与实现方案，提出了基于新型快速等离子体波半导体开关和单向化脉冲子网络合成产生高重复频率脉冲的设计思想，解决了单向化脉冲子网络的实现及单向化脉冲子网络合成的电磁兼容性等关键科学技术问题，克服了现有器件的不足并合理利用各类高压开关器件的物理特性，突破了连续高重复频率高压脉冲源技术，研制了固态兆赫兹连续高重复频率高压脉冲源，并将其在等离子体物理与技术、高能物理实验、芯片紫外光刻技术等领域进行了推广与应用。

仪器的技术创新点如下。

（1）基于结电容的双非线性无源窄脉冲压缩电路。团队首次提出在串联臂电感与并联臂电容上同时施加基于结电容的非线性元素，以实现无源脉冲压缩的思想与技术。传统的非线性传输线（NLTLs）技术是一种在传输线上连续或者周期地加载非线性元素的技术，通过基于铁电性材料生成的 X7R、Y5V、X5R 类电容实现并联臂电容的非线性元素，存在高频损耗大、可调电容范围及影响电压等级难以满足需求等问题。一方面，团队通过引入具备 PN 结电容的各类微波二极管，解决了上述铁电性材料非线性压变电容存在的不足；另一方面，团队将微波 PN 结反向串接于串联臂电感，在实现了隔直的同时，赋予了新串联臂具备快速高压放电的特性，弥补了单一并联臂非线性电容陡化脉冲上升沿的同时容易导致脉冲下降沿恶化的不足。实践证明，针对纳秒级脉冲，传统技术的每阶压缩率大约为 1.84%，而新技术的每阶压缩率接近 10%。

（2）极超宽带信号合路系统。针对设计时存在的可实现阻抗极限、线长极限、功率极限，团队提出了基于对称的分层树状拓扑结构的极超宽带信号合路系统。团队结合基于聚酰亚胺填充介质的高功率设计，首次实现了漂移阶跃恢复二极管（drift step recovery diode，DSRD）脉冲信号的兆瓦级大功率合成。

（3）高压、连续高重频、窄脉冲源A/B。团队基于放大链式结构实现了脉冲源A。脉冲源A的相关指标：脉冲电压为0～8.3kV，重复频率为1MHz，脉宽为89ns，峰值脉冲功率为0.24MW，负载为233～3000Ω。如此脉宽的大功率脉冲源，国外多半只能以突发（burst）方式展开工作，而团队研制的脉冲源A可连续工作，并实现精准脉冲控制，使各脉冲的抖动控制在皮秒级，满足了脉冲雷达的特殊需要。

团队基于大功率脉冲合成技术实现了脉冲源B，设计完成的48路系统已具备实现脉冲电压1～10.34kV、脉宽0.9ns、峰值脉冲功率2.138MW的能力。在综合指标上，脉冲源B全面领先国内的雪崩三极管发生器（1kV，1ns，100kHz）、Marx脉冲发生器（400kV，180ns，10Hz）和SRD发生器（110V，150ns，2MHz）。与国外的脉冲源MOSFET（4500V，200ns，1MHz）和FID（9kV，25ns，1MHz）相比，脉冲源B的核心指标具备明显优势。

团队研制的脉冲源的各项技术指标如下表所示。

技术指标

脉冲源	性能指标	计划完成	实际完成
脉冲源A	脉冲电压/kV	0～8	0～8
	峰值电流/A	30	33
	重复频率/MHz	1	1
	脉冲宽度/ns	10～100	89
	峰值脉冲功率/MW	0.24	0.26
	负载/Ω	233～3000	233～3000
脉冲源B	脉冲电压/kV	0～10	0～10.34
	峰值电流/A	200	206.77
	重复频率/MHz	1	1
	脉冲宽度/ns	0.1～1.0	0.9
	峰值脉冲功率/MW	2	2.138
	负载/Ω	50～100～3000	50～100～3000

相关成果形成论文多篇，获授权发明专利15项。成果应用于等离子体天线和可重构隐身天线研制，以及下一代探地雷达和超宽带穿墙成像雷达与新体制对地对海探测系统研发。

研制的单脉冲精准可控的固态高压高重频极窄脉冲源不仅在非热等离子体、激光器、高能物理、生物医学等领域有着重要且迫切的需求，还在无载波雷达、无载波通信、对地对海探测与通信、超宽带穿墙成像、复杂环境生命探测、电子对抗等领域起着重要的奠基石作用与优异的性能引领作用。

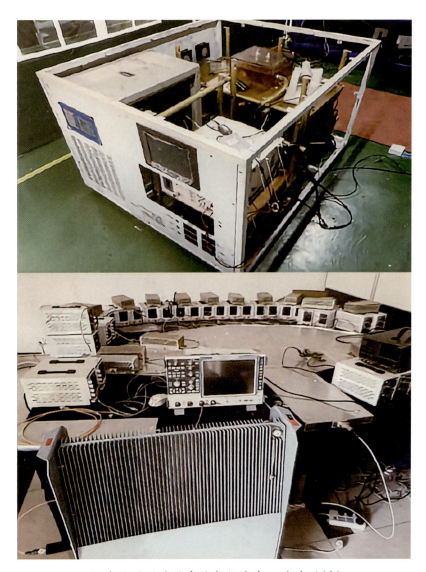

▲ 固态兆赫兹连续高重复频率高压脉冲源样机

袁斌，yuanbin@sjtu.edu.cn，上海交通大学

电磁兼容传导敏感性时域测试系统

信息化装备电磁敏感问题频发且无法被事先发现，严重影响了装备的安全使用。经过长期深入的研究发现，基于单频点扫描的电磁敏感测试方案是装备电磁敏感隐患难以被有效发现的真正原因，缺少电磁敏感科学数据直接制约了对电磁敏感机理的认知。因此，研制科学的电磁敏感性测试仪器势在必行。

北京航空航天大学苏东林教授团队提出了变"单频点扫描"为"高斯偶脉冲激励"的新思路，为从根本上解决频点覆盖有遗漏、非线性效应难激发等问题提供了新方法，可有效获取反映电磁敏感特性的科学数据。团队突破了可调高斯偶脉冲信号产生、低损耗大功率宽带注入、多敏感频段同时获取等关键技术，研制了一套电磁兼容传导敏感性时域测试系统。

仪器的技术创新点如下。

（1）针对军用装备在数字化发展趋势下潜在的电磁敏感现象，研究了以高斯脉冲作为电磁兼容来传导敏感性实验激励信号的有效性和先进性，提出了基于时延调控的正负脉冲合成方法，研制了超窄脉宽的高斯偶脉冲信号源，探索了基于高斯偶脉冲时频域特征的敏感频点定位方法。

（2）针对宽带时域信号的高效注入需求，围绕磁芯的材料及大小，导线的材质、线径及绕制方法，匹配元器件的选型和焊接等关键技术，开展了大量仿真计算与实验优化，建立了上述因素与探头性能之间的影响关系，找到了能实现最大瞬时电流为100A、功率为1000W、频带覆盖9kHz～1GHz的注入探头的最佳参数，突破了现有注入探头在功率和频率方面的限制，成功研制了相应的电流注入探头，实现了大功率宽带信号的高效注入，部分技术指标达到了国际先进水平。

（3）针对装备电磁敏感科学数据的获取需求，打破了常规的以单频点扫描注入的线缆电磁敏感度测试方法，探索出一种以宽带时域脉冲信号为测试信号的传导敏感度时域测试新模式，为认知装备的电磁敏感机理奠定了基础。

仪器的关键技术指标如下。

（1）脉冲宽度在0.5ns以内，瞬时电压覆盖为49.40～1670.00V，重复频率为1～1000Hz可调，脉宽抖动和峰值抖动均小于5%，重复周期稳定度在−0.5～0.5ns。

（2）探头频带覆盖为9kHz～1GHz，满足的最大瞬时电流为100A、功率为1000W。

经中国计量科学研究院检测，该系统在电流注入探头的工作带宽、注入功率和高频段最优插入损耗等方面的指标均优于国外商业产品，实现了国际领先。

相关成果形成论文多篇，获授权发明专利多项。研制的电磁兼容传导敏感性时域测试系统已在空（以钻石DA40飞机和系留无人机为例）、天（以北斗卫星导航系统为例）、地（以电动无人车为例）等方面的多种重要装备的研制和试验中发挥了重大作用，能够较全面地模拟被试装备在使用环境中可能存在的电磁干扰信号，激发隐含敏感现象，精确、高效地定位被试品的敏感频段，提高被装备线缆传导敏感度试验的测试效率。同时，使用电磁兼容传导敏感性时域测试系统对上述装备开展实验的过程，积累了大量与被试品在不同工作剖面下的敏感阈值有关的科学数据，这些数据可为被试品在真实工作环境下的安全使用提供有力保障。

▲ 电磁兼容传导敏感性时域测试系统

李丽林，lll_work@buaa.edu.cn，北京航空航天大学

基于矢量原子磁强计的磁异常探测仪

磁异常探测仪通过检测和识别目标引起的地磁场异常信息来探测与定位磁性物质，在资源勘探、水下目标探测等领域应用广泛，是国民经济发展与国防建设急需的关键核心仪器。

南京理工大学付梦印教授团队开展了磁异常探测仪在原理与理论模型、方法与技术、系统集成与验证等方面的研究，成功研制出基于矢量原子磁强计的新型磁异常探测仪，实现了全系统国产自主可控。大量静态和动态的综合性能试验、陆上及海上飞行试验，验证了该磁异常探测仪技术的有效性，并形成了一套完整的性能测试评估方法，实现了仪器对模拟磁异常目标的有效探测与定位。

仪器的技术创新点如下。

（1）在高动态矢量原子磁强计方面，突破了核自旋–电子自旋耦合极化与检测、高动态闭环磁共振与三维磁场提取等关键技术，提升了矢量原子磁强计的动态测量能力。研制出高精度、小体积、高分辨率的矢量原子磁强计。该磁强计的分辨率达3pT，测量范围为 ± 100000nT。

（2）在高精度磁补偿方面，构建了载体多源矢量磁补偿模型，提出了载体自适应磁补偿方法、基于空间尺度的多节点信息融合环境磁补偿方法，提升了磁异常探测仪的实时磁补偿能力。

（3）提出了高效率目标定位与识别新方法及探测策略。基于磁异常目标先验模型，提出基于总场的目标探测方法，针对远距离是否存在磁异常目标及目标磁矩进行了判断和初步估计；提出基于归一化磁矩的相关性检测定位方法，实现了对磁异常目标的实时定位，对探测概率、定位精度等探测性能进行了评估。

（4）综合考虑无磁结构设计、电磁兼容性、环境适应性等条件，实现了磁异常探测仪集成，包括矢量磁强计探头、磁强计控制模块、环境磁干扰补偿模块、载体磁干扰补偿模块和目标识别与定位模块。

研制的基于矢量原子磁强计的磁异常探测仪的关键技术指标如下表所示。

关键技术指标

技术指标	计划完成	实际完成
原子磁强计分辨率 / pT	≤ 10	3
原子磁强计测量范围 / nT	± 70000	± 100000
磁异常探测距离 / m （目标磁矩为 $2 \times 10^6 A \cdot m^2$）	≥ 1000	1400
补偿后磁干扰噪声 /pT	≤ 20.0	18.6
磁异常定位误差 / m	≤ 100	85

　　相关成果形成论文多篇，获授权发明专利10余项。研制的探测仪能显著提升磁异常探测距离和目标定位精度，满足远距离资源勘探、复杂对抗环境下对安静型水下目标的高效率探测与识别需求。相关成果及技术已应用于南海某水下目标探测试验，提升磁异常探测距离至1400m，演示了无需越顶飞行即可定位水下目标的能力，定位精度达到85m。

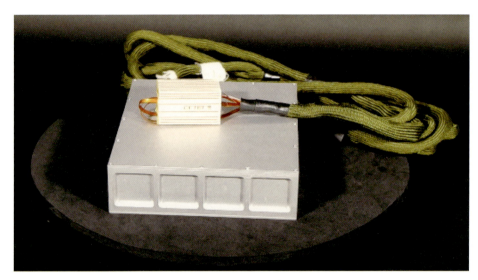

▲ 基于矢量原子磁强计的磁异常探测仪原理样机

▲ 无人机航磁异常探测试验验证系统

庄志洪，zzhong@njust.edu.cn，南京理工大学

5G 大规模 MIMO 全数字多波束阵测量系统

大规模MIMO与毫米波是第五代移动通信技术（5G）移动通信系统的关键技术，并将在第六代移动通信技术（6G）中向超大规模MIMO、全数字多波束和太赫兹频段演进。设备阵列通道数增加、天线与射频通道一体化集成等问题，使传统的性能指标表征方法、测试原理发生了巨大的变化，空口（over the air，OTA）测试将逐渐取代传导测试，成为新一代及未来移动通信系统的主要测试形态。

东南大学洪伟教授团队研究了多波束阵的OTA射频测试方法和OTA系统性能测试方法，并研制了相应测试系统和待测多波束阵。该项目的完成表明我国5G的OTA测试技术已处于国际先进水平。

仪器的技术创新点如下。

（1）全数字多波束阵射频指标定义与OTA测试方法。全数字多波束阵的高集成度带来的多天线和多通道射频的不可分离性，使波束生成方式、波束表征参数的定义、波束方向图的测量、针对同时多波束情况下的阵列空口射频指标定义都发生了变化。因此，团队提出了多波束情况下的反映阵列射频性能的测试指标项，完成了全数字多波束接收/发射阵列的波束产生原理研究与实验验证，实现了阵列在OTA方式下的校准、自校准、波束域阵列非线性指标的理论推导与性能优化。同时，开发了毫米波多波束阵OTA测试系统。该系统可以针对全数字多波束射频前端阵列实现波束合成验证、信号质量分析、波束合成算法验证等。

（2）5G毫米波终端动态性能测试方法。虽然多探头法在毫米波终端动态性能测试中已得到了较大程度的认可，但目前的行业研究仍以终端静态性能测试居多。如何利用多探头法完成终端动态性能测试成了行业亟待解决的问题，这将直接关系到行业标准的建立与测试产业的发展。因此，团队提出了一种基于相关矩阵距离（correlation matrix distance，CMD）和4D-PSP的动态性能测试与指标评价方法。该方法在原有静态测试的相关指标基础上增加了时间维度，利用4D-PSP评价指标对暗室探头做四维空间的优化与参数检验。相关成果已形成论文发表，并提交了标准文稿供业界讨论。基于该项目开发的毫米波多波束阵OTA测试系统拥有目前所知的业界最多的探头数量，可以为5G以及未来6G终端动态测试提供解决方案与验证平台。

5G大规模MIMO全数字多波束阵测量系统的主要技术指标如下表所示。

主要技术指标

技术指标	参数值
测量频率范围	24.0GHz ～ 29.5GHz 5G FR2 频段
最大测量带宽	500MHz
最多可支持探头数量	192
最大激活探头数量	64

技术指标	参数值
最大支持数字多波束通道数	64
测试覆盖区域范围	基站暗室为水平 120°/ 俯仰 40°；终端暗室为水平 120°/ 俯仰 30°
支持待测件种类	数字多波束射频前端（64 单元 Max）和数字多波束整机；混合多波束射频前端和整机；毫米波基站和终端
重构信道类型	瑞利、莱斯、纯多普勒等常用信道模型；3GPP CDL–A/B/C/D 等标准信道模型；用户自定义信道模型
OTA 射频性能测试	结合矢网、信号源、频谱仪等仪器，可测试波束方向图、等效全向辐射功率 BEIRP、波束误差矢量幅度 BEVM 等
OTA 系统性能测试	该测试系统可重建无线信道环境与综测仪等仪器搭配，可支持 5G 毫米波基站或终端的吞吐率等系统性能测试，可支持空间多目标的产生（192 Max）

仪器的先进性如下。

（1）自主研制了多通道高速基带处理平台，支持 64 单元的大规模全数字多波束阵测试。全数字多波束阵独特的工作原理，使其需要与多通道基带数字平台协同才能进行波束产生。自主研制的数字处理平台可以实现 64 通道信号的收发，作为数字多波束阵的激励或接收合成，从而可以单独对数字多波束阵进行测试。

（2）超大规模天线探头阵，探头数量最高达 192。与当前业界主流的 6 探头方案相比，可测试的空间角度范围与信道构建精度具有显著优势。再结合创新性的探头选择算法和自研毫米波芯片，实现了成本可控。

（3）基于原创的 4D–MPAC 和 4D–PSP 框架，结合大规模天线探头阵、多通道基带平台以及优化算法，解决了困扰业界的 5G 终端动态性能测试问题。

（4）从天线到射频通道实现了收发分离。整个测试过程无需基站设备厂商提供私有的上下行切换控制信号，具有很强的通用性。

相关成果形成论文多篇，获授权发明专利 5 项，获 2020 年度江苏省科学技术奖一等奖，多项成果入选未来移动通信论坛（FuTURE 论坛）发布的白皮书。研制的多波束阵已经应用到上海贝尔股份有限公司、紫金山实验室等单位，可用于 5G 毫米波及卫星通信；测试系统的硬件研发成果（如多通道高速数字处理平台及毫米波有源探头）由上海创远信科技股份有限公司进行产品转化，并应用于中国移动、中信科移动等单位。

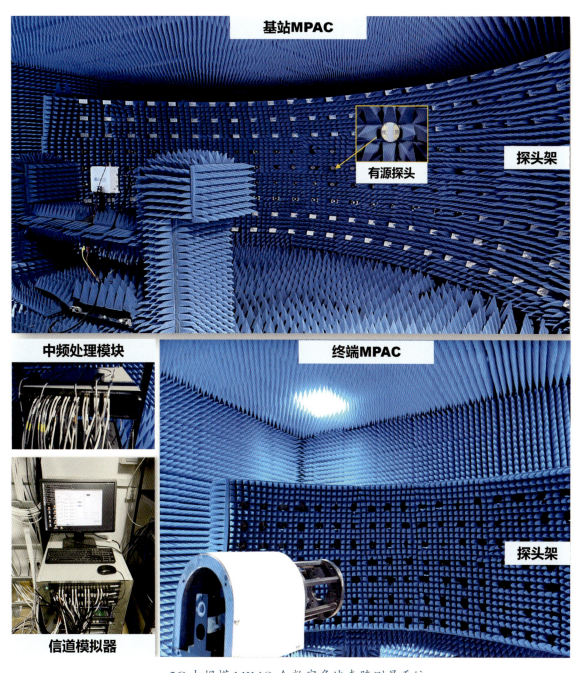

▲ 5G 大规模 MIMO 全数字多波束阵测量系统

蒋政波，jzb@seu.edu.cn，东南大学

临近空间高速目标等离子体电磁科学实验研究装置

高超声速飞行器在临近空间飞行所产生的等离子鞘套，是一种具有宽范围、强碰撞、非均匀和高动态参数特征的等离子体，被称为高速目标等离子体，其带来了许多未解的科学问题，如通信黑障、雷达探测异常、隐身对抗等。针对高速目标等离子体电磁科学研究，我们必须走自主创新的道路，解决理论与技术难点，研制面向电磁科学问题研究的高速目标等离子体地面实验装置。

西安电子科技大学包为民教授团队将空气动力学、等离子体物理、电磁场与电磁波传播、信息与通信、机械与控制等学科进行了交叉、创新与融合，采用机理分析、数值模拟、技术突破与集成创新等联合手段，基于模块化与扩展性设计原则，突破了宽参数范围等离子体产生、强非均匀高动态等离子体调控、高时空分辨率等离子体诊断、高精度多维度电磁测量等核心理论方法与关键技术，成功研制出具有宽范围、强碰撞、非均匀和高动态等离子体参数特征产生与调控、多诊断方法融合和多维度电磁测量能力的电磁科学实验研究装置。

该装置是国内首个高速目标等离子体电磁科学实验研究平台。装置整体技术指标已经过第三方检测机构和领域专家的测试认定，处于国内领先水平。具体技术指标如下表所示。

技术指标

序号	技术指标	指标要求	实测结果	完成情况
1	电子密度 /cm^{-3}	$10^9 \sim 3 \times 10^{13}$（峰值）	$9.19 \times 10^8 \sim 5.80 \times 10^{13}$	优于
2	真空气压 /Pa	$1 \sim 2 \times 10^4$	$0.925 \sim 2.002 \times 10^4$	达到
3	碰撞频率 /GHz	$0.05 \sim 50.00$	$0.022 \sim 51.300$	达到
4	电子密度动态特性	最高变化频率 100kHz，最大变化幅度 1 个数量级	最大变化频率 100.73kHz，最大变化幅度 5.65 个数量级	达到
5	最大有效等离子体实验尺寸	最大直径 20cm，最大长度 ≥ 30cm	最大直径 25.8cm，最大长度 ≥ 50cm	优于
6	电子密度分布	高斯非均匀分布	高斯非均匀分布	达到
7	频段 /GHz	$1.5 \sim 40.0$	$1.5 \sim 40.0$	达到
8	灵敏度	−120dBm	−140dBm@1.5GHz −120dBm@18GHz，40GHz	达到
9	电磁信号采样	采样速率 ≥ 1Gsps，采样位数 16 位	采样速率 ≥ 1Gsps，采样位数 16 位	达到
10	场强测量空间分辨率 /mm	5	4	达到
11	极化方式	HH、VV	HH、VV	达到
12	等离子体诊断时间分辨率 /μm	1	0.9999	达到
13	等离子体诊断空间分辨率	5mm	5mm@ 静电探针 4mm@ 光学三维成像	达到
14	等离子体电子密度诊断精度 /%	10.00	8.43	达到

该装置可应用于临近空间高速飞行器气动电磁、气动热、气动光学等领域，开展交叉学科的基础理论和实验研究。同时，结合高温等离子体和强干扰环境下的电磁测量关键技术，有望形成一套高速目标等离子体环境下从电磁场、电磁波到通信信号、雷达信号的电磁科学实验体系，开展相关的实验研究、关键技术验证、载荷地面测试等，支撑下一代高超声速飞行器信息领域的发展。

相关成果形成论文多篇，共申请发明专利77件、获授权发明专利50件、公开发明专利27件，形成了该装置的核心专利群。相关研究成果获得国防技术发明奖一等奖1项、省级自然科学奖一等奖2项、教育部技术发明奖二等奖1项。

▲ 电磁科学实验研究装置

刘东林，donglinliu@xidian.edu.cn，西安电子科技大学

医学与生物学仪器

面向生命科学的原位显微分析与操作仪

原位显微分析与操作仪对于斑马鱼胚胎注射、体细胞克隆、神经干细胞发育等以跨尺度生命科学为目标的显微分析与操作具有重要意义。南开大学赵新教授团队面向生命科学研制了原位显微分析与操作仪，研究了基于偏振光的细胞隐性结构可视化方法、基于压电超声振动的微创化细胞破壁方法、细胞定点化操作方法和基于毛细力的细胞定量化测量与注射方法，完成了面向生命科学的原位显微分析与操作仪示范实验。团队通过对细胞拨动过程进行运动学建模分析，提出了基于运动学的最佳拨动策略；通过对拨动过程中的细胞进行静力学分析，推导出了定量转动细胞所需的最小拨动力和最佳刺入位置，减小了细胞拨动过程中的细胞损伤，提高了细胞的后续发育率。该仪器的推广应用，将加速生命科学研究中发现新现象、形成新规律、实现新应用的进程。

面向生命科学的原位显微分析与操作仪集成了可视化、微创化、定点化、定量化四大新型功能模块，样机通过了南京市产品质量监督检验院的检验检测。该仪器的技术指标情况如下表所示。

仪器的技术指标

功能	设定指标	仪器指标
可视化	集成偏振光成像系统，具备细胞隐性结构，如透明带、纺锤体的可视化功能	集成了基于偏振光的细胞隐性结构可视化模块，实现纺锤体定位；测量透明带厚度
微创化	集成压电驱动超声振动显微注射器，具备基于压电超声振动的细胞破壁微创化功能	集成了压电驱动超声振动显微注射器，对小鼠卵细胞进行了细胞破壁实验，实现了84%的细胞破壁成功率
定点化	基于旅波电路的细胞位姿调节装置，具备细胞快速位姿粗调和慢速姿态精调功能，粗调（转动90°）小于5s；精调精度优于1°	集成了基于介电泳的细胞位姿调节装置，实现了细胞位姿快速调节，定点化位姿调节时间3.9s；提出了基于最小拨动力的细胞拨动方法，实现了细胞定量拨动，精度优于1°
定量化	具备细胞定量化测量与注射功能，其中定量测量具备百帕级到百万帕级弹性模量的测量功能，定量注射具备皮升级定量注射功能	提出了基于平衡压模型的微管吸持方法，实现从百帕到百万帕的弹性模量在线测量；研制了基于蓄压原理的超微量注射器，实现0.1皮升级高精度微量注射

团队利用研发的原位显微分析与操作仪实现了体细胞核移植全流程，总计操作了525个卵母细胞进行体细胞核移植，其中520个细胞被成功操作。经激活后，510个胚胎被移植到6头代孕母猪体内，操作成功率和操作存活率分别达到了99.1%和97.1%。最终，2头代孕母猪怀孕，共产出17头克隆小猪，这是世界首批由机器人完成克隆操作获得的克隆动物。对比手动核移植操作，团队将克隆成功率从1%～2%提升到了3.3%。其中，13头健康克隆猪参与育种繁殖，共9头留种，留种率与自然交配率35%相比翻了一番。截至2021年底，共繁育后代1.8万余头，产生经济效益1.2亿元。

相关成果形成论文多篇，申请发明专利35项，获天津市技术发明特等奖、天津市专利优秀奖、IEEE TASE 最佳应用论文奖、中国机器人行业年会应用创新奖等多项奖励，培养博士研究生15名，硕士研究生89名。

▲ 面向生命科学的原位显微分析与操作仪样机

孙明竹，*sunmz@nankai.edu.cn*，南开大学

细胞和生物大分子应用的片上瞬态太赫兹光谱仪

太赫兹电磁波由于其独特的性质，在医学和生物领域具有广阔的应用前景，并且在生物大分子检测、细胞检测及与环境物质的相互作用研究、临床病理诊断等方面已初步发挥出明显的、不可替代的作用。最新的研究热点是通过微量的细胞、生物大分子在生命环境中的快速变化分析生命体的病变和药理作用。目前，使用的太赫兹时域光谱系统在时间分辨率、测量尺寸、频谱分辨率等方面均存在不足。西安理工大学施卫教授团队针对这一问题，在太赫兹源、太赫兹功能器件、单次探测方法上都进行了创新性设计，研制了一套细胞和生物大分子应用的片上瞬态太赫兹光谱仪。

仪器的创新点主要体现在以下几个方面。

（1）该仪器的瞬态测量模式的信噪比高达1000，频谱分辨率小于10GHz，带宽达到3THz，检测速度小于10ps，能够实现对飞摩尔量级微量物质的单次测量，尤其适用于细胞核生物大分子的瞬态动力学研究。

（2）破解了传统的光电导太赫兹源在辐射功率和带宽等方面的限制，提出利用光电导天线中载流子的雪崩倍增机制，改传统的线性工作模式（1个光子产生1个光生电子–空穴对）为雪崩倍增工作模式（1个光子产生103～105个光生电子–空穴对），大幅提高了光电导天线的辐射功率。

（3）提出采用金属微带传输线、介质传输线，特别是引入表面等离子激元和人工电磁媒质亚波长微结构，并有机地集成于太赫兹片上系统，从而实现对太赫兹波的低损耗、低色散传输和滤波调控。

（4）在太赫兹系统中使用垂直于太赫兹波的探测光，基于电光效应实现对太赫兹脉冲的单次瞬态测量，为研究细胞和生物大分子的瞬态动力学提供了有利的测量手段。

仪器的关键技术指标先进性主要体现在以下几个方面。

（1）该仪器有瞬态测量和静态测量两种工作模式：瞬态测量模式的信噪比高于1000，频谱分辨率小于10GHz；静态测量模式的信噪比高于10000，频谱分辨率小于1GHz。两种模式下的频带宽度均可达到3THz。

（2）瞬态测量模式的检测速度小于10ps。

（3）检测物质的量达到飞摩尔量级。

（4）检测物质的体积可小至$10^{-13}m^3$。

该仪器研发的太赫兹光谱技术可应用于生物体中关键蛋白质、脱氧核糖核酸（DNA）和糖类等重要生物大分子的静态检测和识别，细胞的静态光谱检测，细胞与水环境的相互作用研究以及太赫兹波对细胞的生物效应研究。太赫兹光谱技术及成像技术应用于临床病理诊断，为医学诊断提供了新的工具，初见成效的临床应用包括肿瘤病理组织的甄别、皮肤创面的无损检测、病毒的检验等。

团队研发的太赫兹近场可扫描光谱系统实现了分辨率小于5μm、样品和探针可扫描带宽大于1.5THz的太赫兹近场显微成像。该系统信号具有较高的信噪比，既可以探测横向电场，又可以探测纵向电场的振幅和相位信息。该系统将探测光路光纤化，增加了系统的灵活度，可以实现便捷的三维空间扫描。该系统为片上集成的表征探测提供了有力的保障，同时可以用于太赫兹高分辨成像、太赫兹空间场分布探测、样品微量检测等方面。目前，该系统也正在积极推进转化与应用。

相关研究成果形成论文多篇，获授权发明专利9项，获陕西省科技进步奖二等奖等多项奖励，培养博士研究生17名，硕士研究生35名。

未来，该仪器不但可应用于生物大分子检测、细胞检测及与环境物质的相互作用研究、临床病理诊断等方面，而且通过微量的细胞、生物大分子在生命环境中的快速变化过程分析生命体的病变和药理作用后，还可应用于毒品和爆炸物检查、基因分析、生物医学成像、半导体材料性能分析等领域。

▲ 细胞和生物大分子应用的片上瞬态太赫兹光谱仪样机

施卫，swshi@mail.xaut.edu.cn，西安理工大学

可视化光动力治疗肿瘤的电子内窥镜系统

光动力治疗（photo dynamic therapy，PDT）作为一种肿瘤靶向治疗新技术，已成功应用于多种内窥镜下的肿瘤治疗。光动力治疗的光源为630nm连续激光，输出功率较高，会使电子内窥镜电荷耦合器件（charge coupled device，CCD）饱和，显示屏呈一片亮白。因此，光动力治疗过程中医生处于盲视状态，无法实时判断治疗光纤在腔道内的位置和病灶反应，这是目前所有电子内窥镜下PDT面临的共性问题。

中国人民解放军总医院顾瑛院士团队进行了色彩补偿还原算法研究、术中光斑边界自动识别算法研究及微型光学系统设计及制造，研制出了高质量可视化光动力治疗电子胃镜系统。

仪器的原创性和科学价值体现在以下两个方面。

（1）光动力治疗强激光照射下内镜系统高质量成像。目前，临床光动力治疗主要基于传统内窥镜实现，光动力治疗光源中心波长约630nm，用于电子内镜的照明光源在光谱范围630nm±5nm内的光功率小于10mW，而光动力学治疗的红激光功率可以达到2W，两者相差巨大（约1∶200）。激光光强过高及CCD探测器动态检测范围不足，使得治疗过程中CCD曝光饱和，导致盲视。团队通过分析临床治疗激光照射场景和该场景下的高质量成像要求，在完成光学斩波、窄带滤波与宽带滤波等组织成像等对比研究的基础上，提出并研制了具有光学滤波功能的微型光学系统，并将其用于国产内窥镜，研制出了可视化光动力治疗肿瘤的电子内窥镜系统，实现了常规和光动力治疗强激光照射两种模式下的内窥成像。

（2）通过强光下内镜图像精确复原和治疗边界提取，实现内镜图像的高保真度显示。由于具有光谱调制功能，自主研发的可视化光动力治疗肿瘤的电子内窥镜在光动力治疗强激光照射下整体颜色有偏色。团队通过大数据分析及深度学习技术，研究了色彩自动补偿算法，实现了光动力治疗肿瘤中激光照射条件下电子内镜图像的色彩准确还原。同时，团队提出并研究了实时显示内镜下光动力治疗激光光斑的边界识别方法，实现了光斑边界直观可视。

可视化光动力治疗电子胃镜系统以及配套软件，解决了内窥镜下光动力治疗盲视的问题，并使远程光动力治疗成为现实。

系统的技术指标与先进性如下表所示。

技术指标与先进性

技术指标	设定目标	与国际同类仪器水平比较
主要技术指标	视野角为140°，视野方向为直视，景深为3～100mm，插入部外径为9.2mm，最小可视距离为距先端部3mm	与Olympus等电子内窥镜同等水平
	在光动力治疗的630nm激光照射条件下可实时采集和显示治疗部位图像	Olympus等电子内窥镜无此功能
	对内镜图像偏色失真进行颜色补偿和校正，实现电子内镜下光动力治疗的原真图像，保证治疗可控性和判断的准确性	Olympus等电子内窥镜无此功能
	实时显示治疗激光的光斑边界	Olympus等电子内窥镜无此功能
	可用于多种电子内镜（软镜）	Olympus等电子内窥镜无此功能
应用考核指标	内镜下光动力治疗图像可视、光斑位置可见	Olympus等电子内窥镜无此功能
	可用于开展内镜下光动力治疗食管癌等肿瘤的治疗剂量优化研究	Olympus等电子内窥镜无此功能

截至2023年，该系统已被用于完成14例消化道肿瘤光动力治疗（食管癌3例、食管胃结合部癌7例、十二指肠癌1例、直肠癌3例），实现了光动力治疗图像可视、光斑位置可见。

相关成果形成论文多篇，获授权发明专利3项，培养博士研究生和硕士研究生多名。

未来，内镜下光动力治疗中实时图像显示和光斑边界可视成果有望改变传统内窥镜下光动力治疗完全凭借医生经验、治疗难度高的现状，推动光动力治疗的临床普及。同时，可通过获取更加真实客观的光动力治疗图像数据，进一步推动光动力光纤照射方案及照射剂量的优化。此外，微型光学系统还可以用于电子胃镜之外的其他电子内镜系统，使之升级为可视化光动力治疗肿瘤的电子内镜系统。

 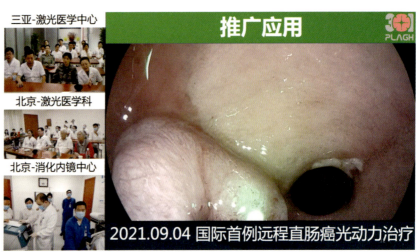

▲ 可视化光动力治疗肿瘤的电子内窥镜系统及其在远程直肠癌光动力治疗中的应用

谭一舟，tanyizhou@126.com，中国人民解放军总医院

低剂量、超高分辨力颞骨专用锥形束 CT（CBCT）

耳科疾病是严重影响人民健康的疾病之一，其病变位置主要发生在颞骨区。计算机断层扫描术（computer tomography，CT）检查是颞骨区骨结构成像的唯一手段。由于颞骨区关键解剖结构位置深、形态复杂、病变微小，传统CT设备受分辨力限制，不能显示微小隐匿病变。突破CT空间分辨力极限，使微小结构、隐匿病变清晰显示是该领域一直追求的科学目标。

首都医科大学附属北京友谊医院王振常教授团队通过自主研制小焦点、大功率X射线发生器，为设备的研制提供了硬件基础。团队解决了小视野数据重建、散射校正、几何标定、运动校正等一系列算法难题；解决了制约CT空间分辨力的软件难题，为仪器研制提供了算法支撑。团队在解决关键硬件及一系列软件算法难题的基础上，研制了超高分辨力颞骨专用CT整机系统，仪器空间分辨力达50μm，比通用临床CT提高6倍，实现了空间分辨力从亚毫米量级向十微米量级的跨越。

仪器的原创性及科学价值体现在以下三个方面。

（1）发明宽视与详视相结合的超高分辨力CT成像技术，解决了详视成像所需的高稳定小焦点、大功率X射线发生器的技术难题，使仪器的成功研制有了硬件保障。

（2）提出基于奇异值分解的局部区域重建算法、蒙卡模拟与卷积核模型结合的散射校正方法、基于双目视觉的运动伪影处理算法，解决了数据截断、散射模糊、运动伪影等制约CT空间分辨力的算法难题，实现了图像的精准重建。

（3）发明双源–双探高精度扫描技术，研制了超高分辨力颞骨专用CT整机系统，仪器空间分辨力达50μm，比通用临床CT提高6倍，实现了空间分辨力从亚毫米量级向十微米量级的跨越。

目前，自主研制的超高分辨力颞骨专用CT已在第三方医院示范装机，开展了临床大样本的医学实验研究。仪器通过了国家药品监督管理局的《创新医疗器械特别审查程序》，已获批国家医疗器械三类注册证。经科学技术成果鉴定，该仪器的整体技术已达到国际先进水平。其中，仪器的成像分辨力达到国际同类技术的领先水平，研制的50μm颞骨专用CT仪器为国际首台，在耳部微小结构与隐匿病变诊断方面优势显著。

相关成果形成论文多篇，申请发明专利8项，获授权专利6项，获国家科学技术进步奖1项，培养博士研究生和硕士研究生多名。

团队成功研制的2台颞骨专用锥形束CT样机分别安装在北京友谊医院和北京同仁医院进行医学临床试验，应用案例达到2500余人次，在颞骨影像解剖、耳科疾病诊断方面显示出巨大优势，具有重大的临床转化价值。产品样机通过技术优化与产品转化后，转化的产品"耳鼻喉双源锥形束计算机体层摄影设备"获批国家医疗器械三类注册证，并成功建立批量生产线，有望全国推广，在临床诊疗中大规模使用。

研制仪器的转化产品"耳鼻喉双源锥形束计算机体层摄影设备"用于人体检查的空间分辨力达到了50μm水平，有望显著提升耳鼻喉科、口腔科影像的诊断水平，为人们带来重要福祉。转化产品的主要目标用户为设有耳鼻喉科（或五官科）、口腔科的综合医院，以及耳鼻喉、口腔专科医院。目前，该设备的国内外市场均处于空白状态，市场潜力巨大。

（a）双光源 – 双探测器设计

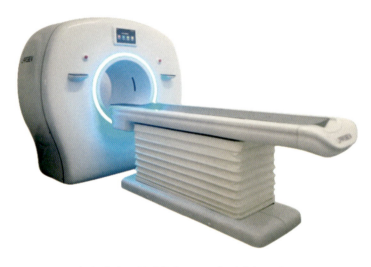

（b）自主研制耳部专用 CT 仪器整机照片

▲ 超高分辨力颞骨专用 CT 整机系统

尹红霞，282496774@qq.com，首都医科大学附属北京友谊医院

手部生物特征的物理属性和生化成分采集仪

基于生物特征识别的身份认证已在国家安全和消费领域中得到广泛应用，其中手部识别应用份额约占70%。目前，这些应用面临着大人群下识别能力低、防伪能力弱这两大瓶颈问题。

浙江工业大学梁荣华教授团队研制的手部生物特征的物理属性和生化成分采集仪，采用光学相干层析、光谱成像、图形图像处理、嵌入式和伺服控制系统等技术，在同步采集手部已有主要生物特征的同时，采集新的特征模态和动态防伪信息，包括指纹、掌纹、掌静脉、汗孔、皮下三维结构等物理属性和血液状态、血氧饱和度等生化成分信息。通过研制该仪器，团队建立了一个涵盖手部多模态特征的同步采集数据库和国际上第一个用于动态防伪的生化成分数据库。

仪器的原创性及科学价值体现在以下三方面。

（1）采集手部模态数据中的动态防伪信息。在手部生物特征识别应用时，常会遇到指纹膜、假肢、照片，甚至断手指等四类伪造样本的挑战。廉价制作的伪造样本可以突破费用高昂的生物识别仪器，严重影响了生物特征识别的安全性。团队通过微血管造影等方法，从不同模态数据中提取出静态和动态防伪信息，包括手部血流速度、血氧饱和度等，实现了活体高防伪能力。团队通过采集到的动态防伪特征，推动了生物防伪新领域的研究。

（2）同步采集多种模态的信息，分析多模态信息的相关性。多次采集会不可避免地导致不同生物模态信息出现扭曲和旋转等变化，从而导致细节位置发生挪动，最终强烈影响多模态识别系统的性能。此外，由于多种模态自身的差异，通过不同采集方式采集的同一根手指的匹配图像会导致识别精确度下降。为了避免多次采集和模态图像失真，团队提出了同步采集方法。团队通过组合不同的光路，使不同的采集方式互相不影响，从而同步获取各模态信息并保持时间一致性，排除了不同时间段手部状况不同带来的影响。同时，团队提出了针对仪器的畸变校正方法，解决了不同成像方法中出现的失真问题。

（3）寻找新的可供生物识别的模态数据，提高识别率。仪器在同步采集手部已有主要生物特征的同时，还会采集新的特征模态，包括皮下指纹、汗腺、皮下汗孔等具有识别信息的新特征。传统的表皮指纹易受外部环境影响，存在局部脊谷纹理信息缺失、模糊等情况，会对指纹识别造成不利影响。在指尖皮肤磨损或出汗区域，表皮汗孔的采集非常困难。为了寻找新的可供生物识别的模态数据，提高识别率，团队分析发现仪器采集到的光学相干层析（optical coherence tomography，OCT）数据中有指尖生物组织包含角质层、活性表皮层和汗腺，并基于此提出设计和训练相应神经网络等方法，从中提取分割出角质层上表面、活性表皮连接层与汗腺的轮廓线，构建皮下指纹、汗腺和汗孔。皮下指纹位于手指皮肤之下，对于手指皮肤的褶皱、划痕、磨损等都可以进行有效对抗。另外，该仪器能比较完整地采集到清晰的皮下汗腺，相较于表皮汗孔，皮下汗腺分布具有较高的安全性。

同时，团队通过采集和建立数据库，充分验证了依托该仪器提取出的皮下指纹，皮下汗腺三维结构等新的模态数据能够提高手部生物特征识别的准确率。

仪器包含对应的指纹、掌纹、皮下三维结构等控制采集软件，通过了国家安全防范报警系统产品质量监督检测中心（北京）、公安部安全与警用电子产品质量检测中心的样机测试。仪器的部分关键技术指标如下表所示。

关键技术指标

生物特征	计划目标	完成情况
三维皮下结构	点精度≤20μm，毫米级深度	点精度≤13.5μm，毫米级深度
掌静脉	图像分辨率≥500dpi	图像分辨率≥574dpi
掌纹	图像分辨率≥500dpi	图像分辨率≥574dpi
指纹	图像分辨率≥500dpi	图像分辨率≥2362dpi
汗腺	点精度≤20μm	点精度≤13.5μm
汗孔	图像分辨率≥1000dpi	图像分辨率≥2362dpi
血液流动信息	可检测≥15mm/s流动速度	可检测≥15mm/s流动速度
组织血氧状态	可检测≥50%浓度的活体	可检测≥50%浓度的活体
全信息采集时间	≤5min	≤3min

相关成果形成论文多篇，获授权发明专利10项，形成行业标准2项，获国家技术发明奖二等奖1项，获批国家自然科学基金优秀青年科学基金项目1项，培养博士研究生20名，硕士研究生75名。

依托该仪器的研发，团队主要成员参与起草了相关行业标准《安全防范掌静脉识别应用采集设备》（公科信标准〔2015〕49号）和《安全防范掌静脉识别应用算法性能评测方法》（公科信标准〔2016〕50号）中的有关部分内容。团队与海鑫科金和海康威视等中国生物特征龙头企业进行技术转让，进行仪器的产品化应用与推广。

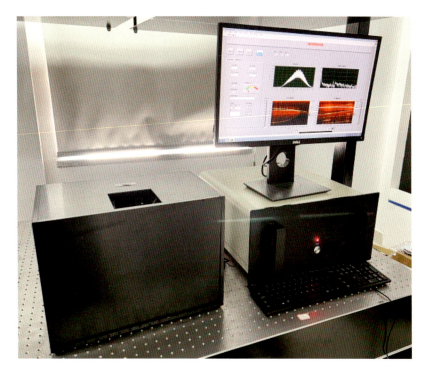

▲ 手部生物特征的物理属性和生化成分采集仪样机

王海霞，hxwang@zjut.edu.cn，浙江工业大学

多层次调控与高通量神经信号同步检测仪器

大脑是由上千亿个神经细胞组成的极其复杂的信息处理系统，其信息活动涉及从微观的分子、细胞层次，到神经回路的介观层次，再到较高级的神经网络宏观层次，探索研究相关信息对阐明脑的工作机理及诊治脑疾病具有重大科学意义。例如，帕金森病是一种常见的重大脑疾病，患病人数多、危害大，然而其发病机制尚不完全清楚。现有研究表明，该病与脑内多巴胺化学递质和神经电传递异常有关。传统技术只能对活体脑内神经细胞进行单一模式刺激和单一模式探测，缺乏多尺度调控下对多巴胺和神经电信号进行高通量原位实时同步探测的一体化仪器手段，无法揭示大脑中神经递质和电信号之间的相互关系与作用。

中国科学院空天信息创新研究院蔡新霞研究员团队围绕化学/电/光多层次调控与高通量神经信号检测的同步及高灵敏微纳电极表面界面科学问题和难点，开展新仪器研制和应用验证，同步获取了神经信息变化新数据，发现神经信息流动和相互联系的新现象与新规律不但对帕金森病等脑功能性疾病研究有重要意义，还在脑科学和脑机交互方面具有广泛的应用前景。

团队针对化学/电/光多层次调控与高通量神经信号检测的同步及脑机接口直接神经界面和神经控制界面等难题开展了研究，成功攻克了如下五项关键技术。

（1）调控检测同步技术。采用闭环神经调控和同步采样技术实现微弱神经信号检测与（光、电、化学）刺激精准同步，使刺激与检测同步误差小于20μs。

（2）神经电和递质释放高速检测同步技术。基于高阻前置放大和高频补偿技术实现毫秒级递质化学信号的高速检测，结合弥勒补偿和高频补偿技术实现高通量微伏级神经电与皮安级递质电化学高速检测精准同步。

（3）原位实时双模检测方法。建立了电化学定向修饰新方法，通过在电极位点表面定向修饰不同的纳米功能材料，实现了对神经电生理检测信号、多巴胺/谷氨酸等神经递质化学信号高信噪比、高灵敏、高选择性原位实时同步检测。

（4）双模脑机接口制备工艺。研制了包括啮齿类动物硅基植入式双模电极阵列、灵长类动物硅基植入式双模电极阵列、离体双模电极阵列、柔性颅内皮质脑电图（electrocorticography，ECOG）电极阵列、柔性脑深部双模电极阵列等多种脑机接口新器件。

（5）高通量神经信息流分析技术，通过构建神经计算模型，建立了具有高通量神经网络计算功能、神经刺激前后双模信号时空模式分析算法的多层次调控与高通量神经双模信号同步检测分析算法。

通过对以上技术的突破，团队完成了多层次调控与高通量神经信号同步检测仪器及其软件算法的研制。

目前，国外还未见同类集成一体化仪器的报道。与美国CEREBUS电生理记录仪、美国CHI660A电化学工作站等先进的同类技术相比，团队研制的仪器在检测通道和电生理时间分辨率方面已达到同等水平，在双模检测模式、双模高时空分辨率方面更是具备优势，可更加准确捕捉神经细胞递质化学和电活动信息，以弥补单模式检测的信息缺失。

仪器的主要指标与国际同类先进技术的对比情况如下表所示。

主要指标与国际同类先进技术对比

指标名称	国际先进技术（2020年）	研制的仪器
化学刺激注射容量范围	1.0pL ～ 1.0μL	6.6pL ～ 5.0μL
化学刺激最小注射时间	2ms	1ms
电刺激输出电压分辨率	1.0mV	0.5mV
电刺激输出电流分辨率	200nA	95nA
电刺激最大输出频率	25kHz	50kHz
光刺激光纤出口功率	4 ～ 7mW/mm^2	1 ～ 40mW/mm^2
神经电检测电压分辨率	1.00μV	0.15μV
神经电检测输入噪声	≤ 3.00μVrms	1.67μVrms
递质化学电流分辨率	～ pA	1pA
递质化学时间分辨率	10ms	20μs
同步控制信号带宽	无	1MHz
电与化学检测同步误差	无	< 20μs
刺激与检测同步误差	无	< 20μs

仪器入选了2019年中国工程院蓝皮书的热点和亮点，其相关成果形成论文多篇，获授权国内发明专利20项，登记软件著作权7项，团队获中国电子学会技术发明奖一等奖1项；项目负责人获第三届全国创新争先奖，获中央和国家机关"三八红旗手"和中国科学院"三八红旗手"，入选中国电子学会会士，入选科技北京领军人才培养工程人才计划；项目培养中青年学术骨干16名，博士研究生和硕士研究生共37名。

该仪器不但为我国脑科学和重大脑疾病等研究提供了先进的工具，还为脑功能定位和脑机交互提供了新的技术手段，将在神经外科手术规划、脑机交互、国家安全等方面有广泛的应用前景。

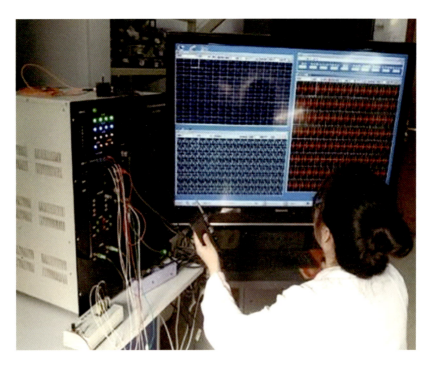

啮齿类动物脑深部硅基微纳电极阵列　　　**离体双模微纳电极阵列**　　　**微电极阵列与微注射器一体化**

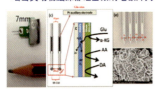　　　　

灵长类动物脑深部硅基微纳电极阵列　　　**柔性双模微纳电极阵列**　　　**光纤刺激探头**

　　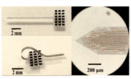　　

▲ 多层次调控与高通量神经信号同步检测仪实物图及仪器核心器件

蔡新霞，xxcai@mail.ie.ac.cn，中国科学院空天信息创新研究院

无标记循环肿瘤细胞毫米波检测仪

循环肿瘤细胞（circulating tumor cell，CTC）检测是实现癌症早期诊断的一种高效手段。面对传统标记性检测方法的局限性，基于CTC自身特性的无标记分选与电信号检测具有重要意义。毫米波是探测细胞本征电磁特性的频率窗口，毫米波电特性检测技术有望用于肿瘤细胞的特异性研究，但目前相关检测仪器仍为空白。

杭州电子科技大学孙玲玲教授团队构建了集成CTC分选和电信号测量的无标记毫米波片上检测单元，研制了高性能的毫米波信号源和相应的检测电路，实现了细胞电特性检测，将肿瘤细胞的特征介电谱推广至毫米波频段，最终完成了具有自主知识产权的无标记循环肿瘤细胞毫米波检测仪，为肿瘤的精准筛选及临床诊断提供了技术支撑，为细胞生物学、组织诊断学等学科的科学研究提供了新的技术支持。

仪器的原创性与科学价值体现在以下几方面。

（1）建立了多场多边界条件下液体、细胞与声场、电场间的相互作用及对不同尺寸细胞/粒子分选操控的完整物理模型，实现了在各边界条件、液体流速等情况下基于声表面波（SAW）、惯性原理螺旋微流道结构、确定性侧向位移（DLD）原理微柱阵列结构的CTC细胞分选器件的设计、集成与优化，研制了CTC分选系统，实现了单细胞粒子的分选、计数、捕获和释放。提出了整套基于人工智能的微流控芯片自动化设计方法体系，相较于传统试错式研发流程，研发时间缩短70%，已达到国际先进水平。研制了基于压电微型泵的微流体驱动系统，相较于当前的步进电机控制系统，体积可以减小到5cm^{3}以下，极大减小了微流控系统的体积。

（2）研制了具有自主知识产权的高性能宽带毫米波检测系统，包括多款毫米波芯片及模块，基于共面波导、谐振腔体结构等多款高灵敏度的毫米波生物传感器，关键芯片及元器件，实现了国产化，包括30GHz～70GHz合成信号源模块、10MHz～70GHz宽频段大动态范围混频接收检测模块等，同时研制了小型化的片上毫米波频率扩展检测模块。

（3）建立了单细胞的双层膜几何结构的等效电路模型，获得单细胞在毫米波段的理论介电谱，将细胞的等效介电模型扩展到毫米波频段。等效介电参数模型的可靠性通过HFSS、COMSOL等电磁仿真软件得到验证。该细胞模型将细胞核质比作为细胞介电特性关键参数之一，结合几何尺寸、细胞内部组分特性等参数，给出了不同精度的细胞等效介电谱，并成功应用于红细胞、A549、肝癌细胞等细胞的理论建模。

（4）研发并验证了30GHz～110GHz的非接触式介电特性测试算法及测试装置，解决了毫米波频段测试系统校准、去嵌入、漂移误差预测等关键问题，实现了微米尺度精确细胞测试数据获取。对于不同结构的毫米波生物传感元件，开发了去嵌入技术用于S参数的去嵌与提取；对于共面波导传感元件，发展了基于多直通结构的*S*参数去嵌算法；对于槽线结构的传感元件，率先提出基于全波场仿真法的去嵌算法，解决了因测试探针与测试夹具之间端口尺寸不一致而难以测量的问题，并进一步获取了样品端面的*S*参数和样品介电参数的提取。

（5）研发了基于细胞的趋化迁移作用原理的新型微流控CTC捕获芯片。该芯片创新性地利用CTC在外周血中不断循环并在有利的微环境中发生趋化迁移出血管，形成了远端转移的这一特性。在微流控芯片上模拟CTC在血管中的循环状态，并营造适宜其定植生长的微环境，使CTC产生趋化迁移作用，从而实现无标记、无损伤、有针对性地捕获高迁移性CTC，并实现对捕获CTC长期、稳定的培养。

团队研制的宽频带激励模块设计、毫米波检测模块设计和宽频带非同轴矢量误差校准等关键技术支撑了国家重大科学仪器设备开发重点专项"高性能多功能矢量网络分析仪工程化及应用开发"的研发，目前已产业化并批量生产。相关的矢量网络分析仪产品获2022年度"中国电科民品产业单项冠军产品"荣誉称号。此外，团队在声表面波传感方向的成果向深圳市封神微电子有限公司进行了专利转化。

相关成果形成论文多篇，获授权发明专利10项，登记软件著作权1项；培养国家级青年人才1名，获中国电科十大"青年拔尖人才称号"，最美电科人"创新之美"等荣誉称号；2名副教授晋升为教授，3名讲师晋升为副教授，1名技师晋升为主管技师，1名副主任技师晋升为主任技师；培养博士后出站1名，博士研究生4名，硕士研究生40余名。

该仪器可实现细胞毫米波电特性的无标记高灵敏度测试，并可进一步拓展到蛋白质、细菌微生物等多种生物分子样本、微生物、液体等的高灵敏电特性测试，为细胞生物学和组织诊断学等学科的发展提供了新的设备支持，具有重要的科学意义和广泛的应用前景。

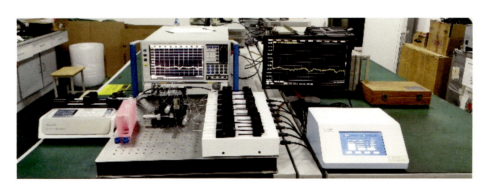

▲ 无标记循环肿瘤细胞分选与毫米波传感检测系统

孙玲玲，*sunll@hdu.edu.cn*，杭州电子科技大学

循环肿瘤标志物多维快速分离及超敏检测仪器

血液中循环肿瘤标志物的同步联合检测可充分反映肿瘤分子病理的多维实时信息，但由于缺乏三种肿瘤标志物同步高效分离与超敏联合检测的技术手段，肿瘤液体活检研究大多针对CTC、叶绿体DNA（chloroplast DNA，ctDNA）或外泌体单独进行。因此，迫切需要开发自动化、模块化的肿瘤标志物同步高效分离、快速核酸提取纯化和核酸超敏单分子检测的科学研究方法和装备，助力研究多维分子病理信息层面的肿瘤发展机理，以推动液体活检前沿研究与我国高端生命科学仪器的发展。

西安交通大学彭年才教授团队研制的循环肿瘤标志物多维快速分离及超敏检测仪器的原创和科学价值体现在以下三个方面。

（1）在国际上率先提出并成功实施基于Strep-tag II技术的外泌体免疫磁分离富集方法。该方法可在38min内实现对外泌体的高效率捕获及无损回收，捕获率和回收率可分别达到80%和60%，分离表现显著优于"金标准"超速离心法和商业化试剂盒。

（2）提出管内"阶梯乳化"方法，实现无需转移的大规模微液滴制备。结合六色面阵式荧光检测装置成功研制循环肿瘤标志物超敏检测仪器，肿瘤标志物核酸突变检测灵敏度为0.001%，达到国际领先水平。

（3）提出离心微流控与静态微流控相结合的核酸快速提取纯化方法，核酸提取时间不超过15min，磁珠回收率大于95%，达到国际领先水平。

仪器研制过程中取得的游离核酸提取方法的发明专利已完成转化。此外，研制的核酸提取仪器及配套试剂盒在新冠疫情防控中装备了全国30余个省（市、自治区），并检出了四川、云南、黑龙江、陕西等地的首例确诊病例。在武汉的疫情缓解后，又紧急驰援黑龙江、吉林、北京、新疆、山东、安徽、天津、上海、湖南、福建、陕西等地的疫情暴发点，累计提供核酸提取仪器数千台、试剂1亿余人份至全国数千家疾控中心和医疗机构用于新冠疫情防控，包括80%的全国百强医院，从完全依赖进口发展到自主可控和大批量应用。支撑全国两会、中国国际进口博览会、东京奥林匹克运动会、西安全国运动会及残疾人运动会和特殊奥林匹克运动会等重大活动顺利召开，为有效抑制疫情扩散和提高病毒核酸检测能力提供了强力支撑，事迹先后多次被《央视新闻》、《新闻联播》《人民日报》、新华社及科学网等主流媒体报道。同时，在西安开展的复工、复学人员核酸筛查、局部疫情暴发点全民核酸检测及入境国际航班人员的新冠疫情筛查中，累计完成近千万例样本筛查，也在全国复工、复产、复学，阻断境外及国内局部疫情对内扩散中贡献了重要力量。研究成果新冠核酸检测产品的突出性能，满足了国家重大需求，为新冠疫情防控"早诊断，早隔离，控制疫情，降低传染和病亡率"做出了重要贡献。

相关成果形成论文多篇，获授权发明专利多项，获国家科技进步奖二等奖1项，培养博士研究生及硕士研究生多名。

作为研制成果之一的外泌体分离试剂盒正在进行注册备案。团队正在逐步完善循环肿瘤细胞分离富集及检测仪器装置，后续将形成针对肿瘤标志物分离、富集、检测的系统解决方案，并拓展应用于传染病防控、临床诊断和食品安全检测等领域，应用前景广阔。

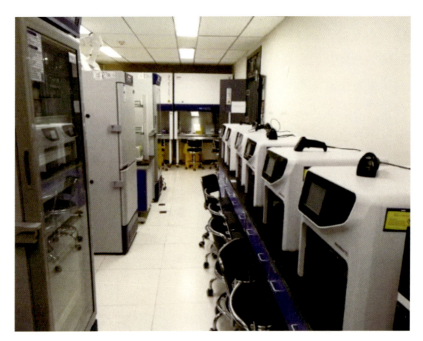

▲ 成果产品在北京中日友好医院大批量用于新冠核酸检测

彭年才，pnc@mail.xjtu.edu.cn，西安交通大学

无创高时空分辨率的皮层功能网络连接检测装置

皮层功能网络既是脑高级认知信息处理和认知障碍的基础,也是设计类脑算法的重要理论之一。无创的先进功能核磁技术虽能初步描述皮层功能网络,但迫切需要更进一步地精准检测网络节点和节点间是否连接。

北京师范大学李小俚教授团队提出融合脑刺激与功能检测技术,研制了无创高时空分辨率(毫秒、毫米级)的皮层功能网络连接检测装置,实现了对大脑皮层功能网络的节点及节点之间连接关系的高精度检测。团队主要发展了毫米级磁声脑深部刺激技术,研究磁声刺激对皮层神经网络的调控作用机制;通过检测神经活动对光散射的影响,设计毫秒级光成像系统,直接反映皮层神经活动;设计一套基于脑图谱的三维精准导航控制系统,确保刺激靶点和成像精确定位;发展光信号处理技术,精确检测皮层功能网络的节点及节点间连接。团队结合大鼠颅内检测技术和认知实验,验证了装置对皮层功能网络的连接检测性能。该装置将获得更可靠的皮层功能网络,能更客观地描述皮层功能网络信息处理过程。

装置的原创性、科学价值及关键技术指标先进性体现在以下几个方面。

(1)研制了经颅超声刺激系统。研制了小动物和人脑经颅超声刺激系统,建立了多脉冲构成的周期可控经颅超声方法,实现了高度聚焦和多参数连续可调、大功率共漏级推挽激励和单通道输出功率高达200W,小动物刺激聚焦精度可达1mm,刺激深度可达15mm,人脑刺激聚焦精度可达5mm,刺激深度可达60mm,实现了小动物和人脑全脑区超声刺激,技术达到了国际领先水平。建立磁场发生装置用于产生磁场,实现了0.05T到1.10T的磁场可调,可在±55A电流环境下连续工作,磁极间隙可调节范围为0～80mm。电磁铁恒温,输出磁场稳定;温度控制器可以控制水温5～35℃,温度可精确至0.1℃。

(2)研制了快速光成像系统。研发了信号收发装置设计及集成、高频光信号调制、高频光信号的接收及外差处理、双探测通道同步探测互不干扰等关键技术;实现了频域近红外检测技术,可以对脑皮层相关快速光信号以及血红蛋白浓度绝对值信息进行获取,具有高时空分辨率,时间分辨率可达20ms,空间分辨率可以达到3～8mm。

(3)研制了自动化超声声场测量系统,实现了一维和二维超声声场自动化快速测量,测量速度可到300ms/点,测量精度可达1mV。一维声场扫描可用于快速寻找聚焦超声换能器的焦点,测量焦点声强;二维声场扫描可用于表征聚焦超声换能器的焦域,引导在体超声刺激。

(4)经颅超声刺激系统在动物实验研究中取得显著进展。发现和验证了超声刺激能有效调节帕金森、癫痫、偏头痛、意识障碍等功能性脑病。通过动物研究,系统揭示了超声刺激的神经调控机制。研究成果对超声刺激人类脑神经疾病的治疗提供了理论依据。

相关成果形成论文多篇，获授权发明专利11项，登记软件著作权3项，培养博士研究生9名，硕士研究生13名。

仪器在抑制帕金森病发作、调控磁声对意识状态的依赖性、抑制颞叶癫痫发作、抑制偏头痛发作及利用低强度脉冲超声缓解老年小鼠术后神经认知障碍等领域得到了应用。团队研制出的小动物和人脑经颅超声刺激系统及自动化超声声场测量系统，可用于超声声场测量，标定超声刺激强度。目前，经颅超声刺激系统已推广到澳门大学、北京大学第三医院、西安交通大学、南昌大学、新乡医学院、遵义医科大学等科研机构使用，并在江西杰联医疗设备有限公司初步实现科学仪器转化。

团队研制的经颅超声刺激系统可对小鼠及大鼠脑区进行精确刺激，研制的快速光成像系统可基于3～8mm的空间分辨率，实现对小鼠及大鼠脑皮层相关快速光信号的检测与成像。两个系统均可与脑电图（EEG）、肌电图（EMG）、功能性磁共振成像（fMRI）、脑磁图（MEG）等技术联合应用于脑功能脑认知研究、脑神经与精神疾病诊断及治疗、脑机接口相关研究中；还可以对深部脑区实现无创和精准的神经调控，为脑神经系统疾病的治疗提供了一种新的无创物理治疗技术，具有广阔的应用前景。

（a）动物经颅磁声刺激平台

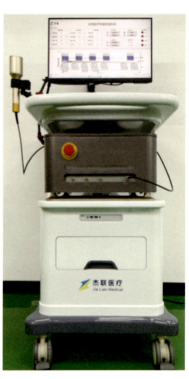

（b）人脑经颅超声刺激系统　　　　　　　（c）快速光成像系统

▲ 无创高时空分辨的皮层功能网络连接检测装置

李小俚，xiaoli@bnu.edu.cn，北京师范大学

质子束在生物组织内的能量输运观测装置

质子束在生物组织内的能量输运观测装置旨在"在线在束"探测质子束作用于物质时产生的各类次级粒子，是研究质子束与生物组织相互作用机理、研发质子治疗在线监测和闭环控制技术的重要科学仪器。在质子治疗中，质子束作用于生物组织并在其内部停止，直接对质子束流进行观测较为困难，此过程会产生正电子、瞬发伽马光子和中子等次级粒子。

华中科技大学谢庆国教授团队通过测量上述三种次级粒子，协同刻画质子束在生物组织内的输运过程，并从探测技术、器件研发、系统研制和验证方法等几方面开展工作。

团队在高爆发次级粒子实时探测、高速脉冲信号数字化采样与处理、有限角度正电子发射断层成像（positron emission tomography，PET）、质子束作用范围和剂量监测等关键技术上取得了重要进展。团队基于原创的全数字模块化探测器和即插即成像软件平台，研制出了集源头创新、成熟可靠、自主可控三大特点于一身的新型科学仪器。装置的研制使得观测质子束在生物组织内的能量输运过程成为可能，为发展质子放疗的闭环反馈控制技术提供了理论依据和数据支撑，促进了质子精准治疗技术的发展。团队在国际率先实现了质子束在生物组织内的能量输运观测装置的研制，该装置包含模块化的PET探测器、瞬发伽马探测器、中子探测器，高速数据采集处理分析系统和成像与反馈控制的软件平台。团队基于该装置开展了均质、异质假体实验，建立了质子束在不同材料中的能量输运过程数据库。在关键指标方面，正电子探测器的空间分辨率达到了2.0mm FWHM，时间分辨率达到了250ps FWHM；瞬发伽马射线探测器的能量分辨率达到了9%@662keV；质子束射程监测精度达到了亚毫米量级。

团队自主研制的质子束在生物组织内的能量输运观测装置可用于质子治疗过程中束流的实时在线在束监测，极大助力、实现了精准质子治疗，帮助对能量投递位置精度要求更高的Flash闪疗、Arc弧形照射等质子治疗新技术实现应用，支撑质子、重离子治疗设备的国产化、自主化开发。此外，团队研制的高性能全数字粒子探测器还可用于核医学成像、辐射监测、石油探井等领域。

相关成果形成论文多篇，申请发明专利40件，培养博士研究生7名，硕士研究生11名。

目前，研发的高时间分辨率全数字PET探测器作为核医学成像的关键部件，已在合肥锐世数字科技有限公司进行转化，应用于临床全身PET/CT、脑PET等装备，已获批三类医疗器械注册证2张，并实现了市场销售；研发的高能量分辨率、大能量动态范围、高计数率、高环境温度耐受的伽马探测器，已在苏州瑞派宁科技有限公司进行应用转化，成功应用于中海油田服务股份有限公司的石油探井工作；研发的全数字化质子束在生物组织内的能量输运观测装置，已在合肥锐世数字科技有限公司初步实现产品转化，与中科离子医学装备公司合作开展诊疗一体化医疗器械开发，并与武汉协和医院肿瘤中心、合肥离子医学中心等多家医院合作开展临床前研究。

　　未来，该仪器可被用于进一步扩大临床研究和临床应用，解决多器械联合应用的监管政策障碍。推动质子重离子治疗装备中反馈监测接口的开放和标准化及医疗器械监管政策的适配，可促进诊断成像装备、束流在线监测反馈装备和质子重离子治疗装备的融合应用，实现现有质子重离子装备的全面升级，研制治疗精准化、诊疗一体化、质控自动化的新型质子治疗器械，提高重大疾病的治疗效果，降低应用成本，推动先进诊疗手段的普及。

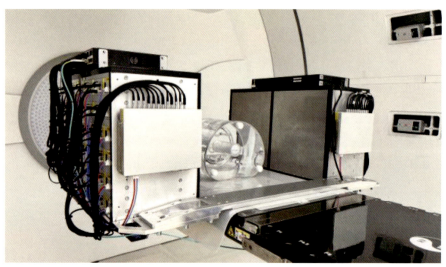

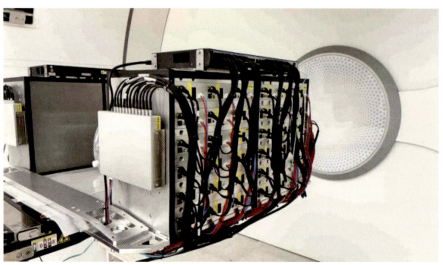

▲ 质子束在生物组织内的能量输运观测装置

肖鹏，xiaopeng@hust.edu.cn，华中科技大学

控制与测量

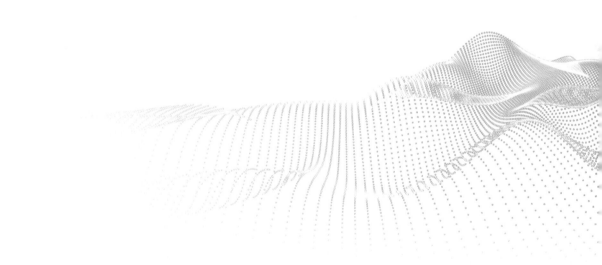

面向精细操作的高分辨率多模态智能传感装置

针对机器人操控精细化应用的发展需求，研究复杂作业环境下视、力、触、滑等多模态信息的感知、度量和融合机理，解决考虑操作目标物理特性的精准操控等问题已成当务之急。

清华大学孙富春教授团队提出研制基于信物融合的高分辨率多模态智能传感装置，并提供了与操作尺度相对应，高度集成并深度融合且"感-联-知"合一的匹配数据源。团队重点突破了视、力、触、滑等传感器的阵列化、多功能化和集成化设计，以及多模态特征提取与信息融合等关键理论和技术。团队融合分布式多源传感器提供的局部不完整信息，研制了基于"感-联-知"集成信息的机器人精细操作智能传感装置，并实现了其在各种复杂作业环境下的精细操作。该装置突破的主要关键技术将为人手感知动作的认知、多模态信物融合系统的演化与融合机理等基础科学问题研究提供高质量数据源，对提高机器人操控精细化应用水平具有重要的理论意义和实用价值。

装置的主要特点和技术创新点如下。

（1）研制了国内首个基于视觉的多模态触觉传感器，突破了国外的技术壁垒。

（2）实现了超高分辨率的物体感知，与目前世界最先进的同类传感器相比，该传感器更为精细。

（3）实现了温度、纹理、力的多模态信息感知，且与传统多模态触觉仪器相比，该装置感知的数据具有同空间性、同时间性，提高了信息的准确性。

该装置在人体健康监测、仿人五指灵巧手、假肢灵巧手等领域均有重要应用。团队结合仪器开发的触觉传感装置，建立了首个集成触觉信息与视觉信息的多模态主动操作公开数据集和首个多模态触觉信息的公开数据集。团队还开发了数据手套来研究人手感知操作的特征，建立了人手抓取操作的数据集，为机器人精细操作提供示教。

相关研究成果形成论文多篇，申请和获授权发明专利33项。相关成果获吴文俊人工智能科学技术奖一等奖、IROS 2016机器人自主抓取操作比赛冠军、IROS 2017服务机器人操作比赛亚军、WRC 2016最佳科技创新奖。

利用该装置可进一步提升机器人的操作能力。装置目前主要应用于3C（计算机、通信、消费电子产品）装配、卫星装配等场景任务，有效提高了工业生产智能程度。此外，装置还可进一步应用于残障人士假肢灵巧手，以提升假肢操作能力，从而提高残障人士的生活质量。

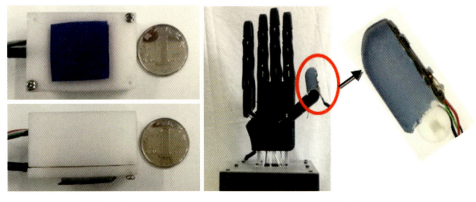

（a）二指　　　　　　　　　　　　　（b）五指

▲ 多模态触觉传感仪器

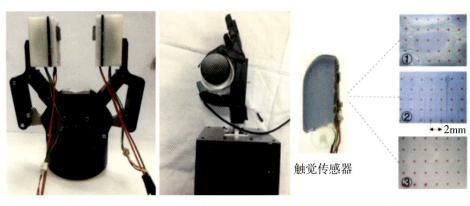

（a）安装到二指指尖　　　（b）安装到五指指尖　　　（c）五指感知效果

▲ 安装效果

孙富春，fcsun@mails.tsinghua.edu.cn，清华大学

空间任务可置换的自由基座重力补偿测试与验证仪器

　　航天器运行在人类不易到达的轨道上，这决定了航天科技的发展特别依赖地面的测试与验证结果。因此，特别需要一种能绕过在地面建立长时间、大空间、全方位微重力环境的困难，真实再现空间任务实施过程运动特征的仪器，以开展有效的地面试验，降低空间任务的执行风险，缩短研究周期，促进未来空间任务先期在地面做更多、更逼真的验证，提升我国的制天能力。

　　北京航空航天大学贾英民教授团队研制的空间任务可置换的自由基座重力补偿测试与验证仪器主要包括自由移动基座、悬挂式重力补偿装置、微延迟随动模块、磁悬浮姿态调整系统四个功能单元。各单元间的系统集成优化与协调，以及各类运动信息的学习、传输与控制，能够完成微重力环境对空间目标运动和空间任务实施影响的测试与验证。该仪器拥有任务可置换性，包括相同任务不同方案之间的可置换、相同装置不同任务之间的可置换及地面验证与空间任务实施之间的可置换等，保证了仪器的通用性和可信性。

　　仪器的主要特点是能够在地面近似提供一个长时间、大空间、全方位、可移动的微重力环境，可突破传统气浮、水浮、下落、抛物线飞行等重力补偿验证方法的时空与方位约束。

　　该仪器是国内第一台基于运动控制的重力补偿测试与验证装置。经国家资质单位——通标标准技术服务（上海）有限公司检测，仪器的关键技术指标均达到了预期设计要求，具体如下表所示。

关键技术指标

技术指标	参数值	技术指标	参数值
装置重力补偿精度	≥ 97%	装置移动定位误差	4.321mm/m
轨迹跟踪重复精度	2.664mm	基座转动精度	0.15°/360°
基座移动速度	≤ 1000mm/s	基座转动速度	≤ 30°/s
基座移动加速度	≤ 400mm/s²	基座转动加速度	≤ 30°/s²
模拟航天器位姿运动自由度	6 DoF	模拟航天器位姿水平运动范围	0 ～ 492.757mm
模拟航天器位姿垂直运动范围	0 ～ 156.106mm	模拟航天器位姿俯仰运动范围	−30° ～ 30°
模拟航天器位姿偏航运动范围	−45° ～ 45°	模拟航天器位姿滚转运动范围	−360° ～ 360°
模拟航天器位姿水平运动速度	≤ 40mm/s	模拟航天器位姿转动速度	≤ 4.66°/s
模拟航天器位姿转动误差	0.036°/360°	模拟航天器位姿移动误差	0.41mm/m

　　仪器的研制形成了如下多项自主知识产权的关键技术。

　　（1）提出了基于深度学习的悬挂位置智能校准，以及缓冲结构谐振抑制的自适应控制方法，并研制了零刚度主动重力补偿控制装置。相较于气浮、水浮、下落塔等传统方法，团队提出的方法在运动时间和自由度上均不受约束，补偿精度达97%。

（2）提出了自主定位与高精度跟踪轨道速度控制方法，研制了高机动自由基座移动技术与装置。相较于差分式运动基座，高机动自由基座具有零转弯半径、负载能力强等优点。

（3）提出了无约束等效驱动智能补偿与磁浮姿态微补偿方法，研制了具有大负载、小体积、易解耦特点的驱动装置，突破了机械连接对航天器运动自由度的限制，保证了空地间姿态运动的一致性。

（4）提出了智能协调优化与数据融合处理方法，研制了一体化集成装置，实现了航天器空间姿轨运动的地面再现与多种在轨操作方案的可靠性评估。

该仪器在航天技术领域有重要应用，弥补了我国目前地面微重力环境模拟与航天器姿轨运动再现等方面存在的时空与方位约束，空间任务实施验证具有局部性、不可置换性以及各类地面综合实验仪器缺乏等不足。该仪器可用于地面完整再现空间目标的真实姿轨运动，为空间任务实施提供微重力运动环境下的实验验证，以保证相关航天重大任务的成功实施。

相关成果形成论文多篇，获授权发明专利10项，获2017年度吴文俊人工智能科学技术发明奖一等奖。该仪器作为一种基础性和通用型的技术平台，能够服务国家重大航天工程，用于地面再现空间目标的真实姿轨运动，为多类空间任务实施方案提供微重力运动环境下的合理性与可行性验证，具有广阔的应用前景。

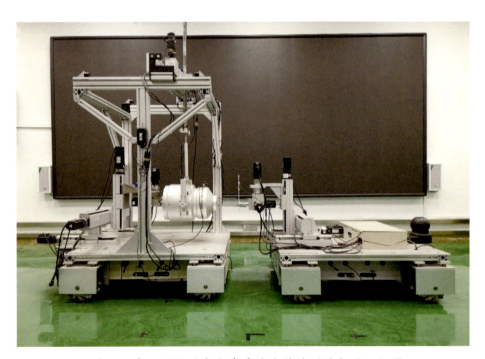

▲ 空间任务可置换的自由基座重力补偿测试与验证仪器

贾英民，ymjia@buaa.edu.cn，北京航空航天大学

基于多自由度动量交换的微小航天姿态测量系统

　　微小航天器是空间技术发展的主要趋势，因此迫切需要系统多功能的集成。哈尔滨工业大学姚郁教授团队通过支撑、驱动和控制一个旋转角动量体，在多自由度动量交换的基础上实现了两轴姿态测量，研制出了一种适合微小航天器姿态控制应用的多功能、高集成度、轻质量、低功耗、低成本的测量与执行系统。研究成果缩小了我国在该领域与国际先进水平的差距，研制系统的技术指标覆盖了多数微小航天器姿态控制的应用需求，应用前景良好。

　　仪器的主要创新点如下。

　　重点突破了非线性动力学耦合与多干扰源复杂激励下系统姿态测量模型的构建，揭示了角动量指向和幅值在较大范围变化情况下系统姿态测量实现的机理，解决了非调谐状态下姿态测量解算、多约束条件下挠性支撑结构优化设计与实现、高性能飞轮伺服与倾侧控制、变速挠性支撑飞轮转子动不平衡辨识、多源混频含噪信号处理与系统地面测试标定优化实验等关键科学与技术问题，验证了多自由度动量交换的微小航天器姿态测量系统原理的正确性和技术路线的可行性。

　　仪器的主要技术指标如下表所示。

主要技术指标

技术指标	设计指标	测试指标
系统质量 /kg	＜ 5.5	5.4
稳态功耗 /W	＜ 12.0	11.5
系统整体包络尺寸 /mm	Φ240×180	Φ198×170
两轴姿态角速率测量范围 / (°·s⁻¹)	±6	±6
两轴姿态角速率测量零偏 / (°·h⁻¹)	1.0	0.7
两轴姿态角速率测量零漂 / (°·h⁻¹)	1.0	0.2
两轴姿态角速率测量随机游走 / (°·h⁻¹/²)	0.2	0.2
每轴最大输出力矩（三轴）/mNm	＞ 60	＞ 60

　　在该仪器的研制过程中，形成了如下多项自主知识产权的关键技术。

　　（1）建立了完整的系统动力学模型，并验证了模型正确性，揭示了多自由度动量交换条件下的姿态测量机理，给出了针对不同空间任务的航天器姿态测量方法。

　　（2）提出了优化轴承工艺的刚性十字万向节和红宝石球轴承加弹性膜片联轴节复合的支撑传动方案，实现了高精度定心、高刚度驱动传递和低刚度倾侧支撑。

　　（3）通过电机气隙磁密和驱动波形最优谐波控制，抑制了力矩波动；通过改进锁相环方案提升了鉴频鉴相特性，实现了飞轮的高稳速和调速控制。

（4）通过磁路结构、绕组与驱动电路的多目标优化匹配，实现了两维力矩器大力矩输出和低功耗驱动；针对章动模态的时变特性及进动模态的非线性耦合特性，实现了飞轮变速和大范围倾侧条件下的两维高动态倾侧控制。

（5）根据飞轮"点支撑"的结构特点，提出了静、偶不平衡分离的倾侧飞轮转子动不平衡辨识方法；利用力矩器对残余振动进行主动抑制，约束飞轮转子绕其几何轴线旋转。

（6）提出了高效的地面测试方法，包括动力学参数辨识、误差模型建立、融合去噪等，提高了地面测试标定的精度和试验效率。

该仪器在微小航天器技术领域有重要应用。高精度飞轮调速和大力矩两维倾侧驱动控制相关技术可直接应用于上海航天控制技术研究所的磁悬浮超静飞轮，保障了我国航天器姿态控制产品自主可控。相关技术有望形成航天级系列化产品。

相关成果形成论文多篇，获授权发明专利11项。该仪器具有系统集成程度高、轻量化、低功耗、低成本的优势，达到的性能指标覆盖了多型号微小航天器的姿态控制需求；技术产业化后，可在微小航天器姿态控制中广泛应用。

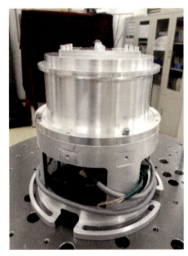

▲ 微小航天器姿态测量系统
原理样机

▲ 样机试验测试

赵辉，zhaohui@hit.edu.cn，哈尔滨工业大学

基于磁流体的航天器姿态微角振动测量仪

随着航空、航天、航海领域探测距离的逐渐增加，微角振动对探测仪器指向精度的影响日趋明显，如高分辨率对地观测遥感卫星、深空激光通信卫星等高精度航天器对姿态控制的精度和稳定性提出了更高要求。基于磁流体的航天器姿态微角振动测量仪兼具高精度、宽频带、小型化、长寿命等优势，是航天器姿态微振动力学研究及主动振动控制技术研究不可缺少的重要科学仪器。长期以来，我国在宽频带高精度磁流体微角振动传感器的设计方法、制造技术及应用上受到了国外严格的技术封锁，在一定程度上影响了我国微角振动测量与抑制技术的发展，更加限制了宽频惯性基准单元和惯性参考单元的研发。

天津大学李醒飞教授团队研制了磁流体微角振动测量仪，在结构设计、误差建模、制造工艺、微弱信号检测与测试标定方法等多项关键技术上取得了突破性进展。团队研制的传感器能够满足空、天、海、地等领域不同量程的微角振动测量需求，已入选中国航天科技集团公司第五研究院空间站首飞试飞项目，有助于高精度航天器在轨微角振动测量取得突破性进展，在国防空天海战略装备、深空探测、深海极限测量、航天测量、碰撞测试等军用与民用领域得到了广泛应用。

仪器的主要特点和技术创新点如下。

磁流体微角振动传感器具有低噪声、宽频带、高灵敏、抗冲击、小体积等优势，突破了国外在宽频亚微弧度角振动测量领域的技术壁垒。研制的传感器工程样机本底噪声指标已达到国际领先水平。该传感器中宽频惯性基准单元和惯性测量单元（inertial measurement unit，IMU）的设计方法已开展应用，对提升我国对地遥感探测、远距离激光通信、定向能武器等系统的指向精度，具有重大科学价值和意义。

该仪器的关键技术指标经中国计量科学研究院检测，处于国际领先水平。该仪器与美国BlueHalo公司的磁流体微角振动传感器对比数据和部分关键技术指标如下表所示。

指标对比

微角振动传感器		ATA	ATA	TJU（自研）
型号	单位	ARS-15	ARS-16	ARM-01A
标度因数 @10Hz	V/（rad·s^{-1}）	1	100	200
−3dB 带宽	Hz	< 4 ~ 1000	< 2 ~ 1000	< 2 ~ 1000
等效噪声角速率 1Hz ~ 1kHz RMS	μrad/s	< 25	< 5	< 4
等效噪声角位置 1Hz ~ 1kHz RMS	nrad	< 1000	< 40	< 25

部分关键技术指标

指标分类	性能指标	计划完成	实际完成
性能指标	等效噪声角速率	＜ 5μrad/s RMS	＜ 4μrad/s RMS
	等效噪声角	≤ 0.1μrad RMS	＜ 25μrad RMS
	非线性度	＜ 0.2%	完成
	量程	± 0.5 rad/s	完成
	动态范围	0.5 ～ 1000Hz	敏感元件 0.5 ～ 1000Hz 传感器＜ 2 ～ 1000Hz
	温度系数	＜ 0.5%（× 标度因数）/°C	＜ 1.95‰
	直线加速度敏感度	＜ 0.5（°/s）/g	0.5 ～ 10.0Hz 0.05 ～ 0.50g ＜ 0.5（°/s）/g
电气指标	输入电压	±5 ～ ±15V，直流电	9 ～ 18V，直流电单电源
	功耗	＜ 1.5 W	完成
环境指标	工作温度	−20 ～ +50 ℃	完成
	相对湿度	密封，不受影响	完成
	最大直线加速度	100g	100g
物理指标	尺寸	130mm × 80mm × 95mm	112.5mm × 112.5mm × 75mm
	质量	＜ 1.5 kg	完成

在该仪器的研制过程中，形成了如下多项自主知识产权的关键技术。

（1）针对磁流体微角振动传感器的设计参数与输出特性间关系难表达、多物理场耦合关系难建立、误差源难量化的问题，提出了基于流－电－磁－热多物理场耦合仿真的传感器结构设计方法，建立了结构设计参数与频响特性、误差特性、温度特性之间的准确定量表达。以此建立的修正模型较简化模型，误差降低超过了10dB，有效指导了传感器磁路、导电流体通道和机械结构设计，显著降低了二次流和磁场不均匀度引入的误差。

（2）针对磁流体微角振动传感器毫米尺度环腔内导电流体灌注和高低温交变环境下可靠密封的难题，发明了基于高真空度密闭腔体压力差平衡技术的导电流体灌注工艺，设计了基于体积补偿缓冲技术的高低温交变诱发腔内超高压环境下的腔体密封工艺，实现了环腔内导电流体的可靠灌注密封。

（3）针对常规的信号检测技术无法解决磁流体微角振动敏感元件微弱输出信号高信噪比提取的问题，提出了敏感元件输出电气噪声的理论模型和双通路互谱测量验证方法，设计了基于噪声匹配技术的纳伏量级千赫兹带宽低噪声前置放大器，噪声系数降低超过20dB，显著降低了传感器的本底噪声。

该仪器在高精度航天器、大机动飞机、激光武器、激光通信、汽车制造等领域都有重要应用。

（1）经中国航天科技集团公司第五研究院评估，仪器入选空间站试验项目。应用该传感器可以解决现有航天姿态敏感器无法响应高频抖动的薄弱环节问题。

（2）与西安应用光学研究所合作，应用磁流体微角振动传感器检测光电吊舱角扰动，提升装备的机载光电系统动态特性、光学系统的分辨率及系统的稳定精度。

（3）应用磁流体微角振动传感器，使得宽频IMU的测量带宽拓宽到了1kHz。相关技术在厦门华源嘉航科技有限公司应用，对提高生产的惯性测量单元的精度提升效果显著，动态测量误差减小了1个数量级。

相关成果形成论文多篇，获授权发明专利11项。该仪器的应用领域包括高精度激光通信和激光武器中的捕获跟踪定向系统、高精度遥感图像中的振动测量与补偿及宽频振动条件下的动态姿态测量，还可辐射到汽车碰撞振动测试等民用领域。该传感技术的国产自主研发与产业化，有效推动了我国微振动领域测量与抑制的跨越式发展。

▲ 三轴磁流体微角振动测量仪　　　　　▲ 单轴磁流体微角振动传感器

李醒飞，lixf@tju.edu.cn，天津大学

基于界面双电层效应的角加速度测量仪器

随着高新技术在军事领域的广泛应用，未来战争将面临全方位、高强度、多类别武器的联合作战。武器系统和航空航天装备的姿态信息一般包括角位移、角速度、角加速度。角加速度在角运动动态特性表征方面，具有角位移和角速度不能比拟的优越性，它能更直接、更快速、更准确地表征角运动的高阶特性。尤其在多扰动、变负载、大过载等复杂工况下，实现对角加速度的高精度、高动态、高可靠直接测量与分析，对有效提高系统的精度、稳定性、响应速度等工作效能具有重要作用。精确测量角加速度可以更准确、快速地测量和评估武器系统的动态特性，能为武器系统的设计、检测与控制提供有效依据，可提高武器系统的综合作战效能。但现有的角加速度测量设备还存在诸多不足，特别是在精度、动态范围、可靠性等方面，无法满足工业装备和运输工具，特别是武器系统的应用要求。

北京理工大学王美玲教授团队基于界面双电层效应的敏感原理，通过研究多扰动、变负载、大过载复杂工况下的高精度、高动态、高可靠角加速度直接测量与分析的关键技术，自主研制了一种新型角加速度测量仪器，实现了新的角加速度数据获取方法，形成了一套包含角加速度直接测量、实时分析、标定校准的技术体系，为准确刻画对象的运动形式、揭示对象的运动规律、验证对象的运动原理提供了技术支撑，满足了国家在相关领域的重大战略需求，并为角加速度传感器的广泛工程应用奠定了基础。

在该仪器的研制过程中，形成了如下多项拥有自主知识产权的关键技术。

（1）首次研制了基于界面双电层效应的角加速度测量仪器。测量仪器包括传感测量子系统、综合控制计算机和角加速度标定校准平台几大部分。传感测量子系统和角加速度标定校准平台的性能指标均为国内领先。

（2）首次将液环式角加速度敏感单元分为动–压和压–电两个过程，并构建了其理论模型。针对动–压转换过程，建立了瞬变流模型和基于质量–弹簧–阻尼系统的等效模型；设计并制作了动–压实验样机，对动–压转换过程特性进行了实验测量与模型验证；根据动压过程模型，分析了传感测量子系统多个结构参数对系统特性的影响。针对压–电转换过程的研究，基于毛管束模型得到了压电效应单元的稳态流动电势模型，并进一步分析了壁面效应的影响。

（3）针对固相转换器的渗流特性和流动电势特性，建立了固相转换器的渗透率模型。实验表明，团队提出的改进渗透率模型相较于传统模型，更加适用于不同微珠配比的转换器。针对固相转换器的复杂结构，团队提出了一种改进的基于扫描电子显微镜高分辨率图像微珠形状的检测方法；借助计算机仿真、图像处理方法与机器学习算法，团队提出了一种对多孔介质进行软件重建的三维随机重建策略，并基于重建模型，对固相转换器的特性参数进行了研究分析。建立了等效毛管束模型的动态流动电势模型，并基于该模型进一步分析了固相转换器结构参数及溶液性质对动态流动电势的幅频特性及相频特性的影响。

（4）针对传感测量单元的制造工艺和检测方法开展研究。对微珠成分、形状及颗粒大小进行实验，完成了构造微孔隙转换器的微珠材料的选型工作；开展微珠制转换器的液阻测试方法研究，形成了转换器的检测方法；完成了环形腔、储液腔构型、毛细通路的研制。

（5）研制了流动电势测试仪，实现了在动态流场中对固相转换器两端面的液体压力及流动电势的实时测量，分析了压-电效应单元的频率响应特性。完成了三轴角加速度传感测量单元设计及制备，包括信号电荷放大电路的制作、结构屏蔽绝缘的设计，并完成样机投产及测试。为保证较严苛力学环境下角加速度测量单元工作的可靠性与环境适应性能，对减振状态进行了仿真分析，通过研究关键部位的力学响应信息，评估了减振方案的有效性。

仪器的部分性能指标如下表所示。

部分性能指标

性能指标	参数
测量范围	$-25000 \sim +25000 \ °/s^2$
测量带宽	$0.1 \sim 500.0Hz$
测量精度	0.5%
灵敏度	$0.5mV \cdot s^2/°$
供电电压	直流24V 或交流220V
振动、冲击	25g、200g（$2 \sim 6ms$）
工作温度	$-40 \sim 60 \ °C$

角加速度测量仪器在飞行器和车辆运动监测领域有重要应用，其能够测量高动态情况下载体的角加速度，故该仪器可直接用于载体运动控制，也可以在得到载体姿态角后用于载体导航。角加速度测量仪器还在新型弹道飞行器推力矢量喷管摆动角加速度特性监测、车辆侧翻预警等方面得到了应用。

相关成果形成论文多篇，申请专利18项，获授权发明专利5项。该角加速度测量仪器能够满足复杂工况下高精度、高动态、高可靠的角加速度直接测量与分析，未来可望在自动驾驶仪系统闭环控制、航空器（飞行器）姿态快速测量、电动机（马达）扭矩测量与控制、汽车等交通载体中应用于行驶分析、车辆侧翻预警、天线调平稳定控制、光学系统稳定、摄像角度运行平稳等领域。

▲ 综合控制计算机实物

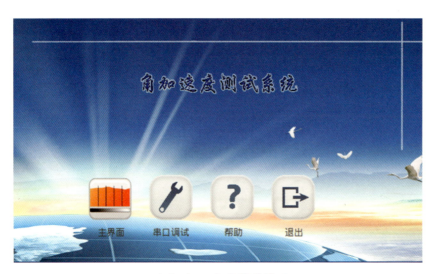

▲ 人机交互系统菜单界面

王美玲，wangml@bit.edu.cn，北京理工大学

动力电池综合测试与智能模拟仪器

动力电池综合测试与智能模拟仪器既能获取电池参数、系统掌握和评价电池性能，又能模拟电池真实特性，长周期、低成本重复验证电动装备性能。只有通过测试仪器获取新数据、揭示新机理、发现新规律，才能改进和优化电池材料配方，研发高性能电池及其管理系统。因此，它是电池和电动装备研发、制造、应用、梯次利用全生命周期不可或缺的行业重器。我国电池测试与模拟技术及高端仪器起步晚，市场曾长期被美国 Arbin、德国 Digatron 等外企垄断，严重制约了新能源储能与电动汽车产业的健康发展。电池测试需要先用激励电源激发电池内部状态，然后同步采集电压、电流等基础参数，进行智能建模并估计出健康状态、剩余寿命等性能参数，以实现综合评价；电池模拟需建立电池精确模型，实时控制激励电源，真实模拟电池电气特性。换言之，测评软件和模拟软件是大脑，激励电源是心脏，数采传输是经络。

山东大学张承慧教授团队紧密围绕该仪器的高频化、智能化、精密化、高效化、绿色化重大需求，成功研制了首台基于 SiC 器件的动力电池智能测试模拟仪器及系列产品，发明了动力电池精确建模与状态协同估计、大功率高频高效激励电源拓扑与控制、多源高通量数据同步采集与协同处理三项创新技术，攻克了电池测试独有的极端复杂工况和严苛指标带来的重大技术挑战，破解了电池测试与模拟智能程度低、响应慢、精度低、损耗大和测试周期长等关键难题。该仪器的研制为动力电池和电动装备性能测试提供了理论、技术、标准和工程示范支撑，带动了我国动力电池测试与模拟技术的变革性发展。

在该仪器的研制过程中，形成了如下多项自主知识产权的关键技术。

（1）建立了动力电池"充分激励–智能建模–协同估计"一体化测试方法，发明了动力电池工况自适应激励信号生成方法，提出了基于分数阶、参数自适应迭代辨识的建模和多状态协同估计技术，攻克了动力电池测试与模拟精度差、智能化水平低、测试周期长等难题，开发了电池性能自动化综合评价与智能模拟软件平台，有效提升了大功率动力电池的测试与模拟精度、速度，缩短了电池开发周期。

（2）发明了基于 SiC 器件的高频隔离型激励拓扑及其自适应增益非线性控制方法，研发了大功率高频高效激励电源，解决了仪器效率低、体积大、质量大、动态响应慢、电能质量差等难题。与研制目标相比，充放电转换时间≤2.2ms，效率转化达 93.2%，能够充分、准确、高效地激励电池特性。

（3）发明了基于多核异构架构的实时协同处理技术，研发了高通量数据协同处理装置，攻克了电池测试数据并发数大、吞吐量高引发的实时处理瓶颈，解决了复杂电磁环境下电池数据高精度同步采集和数据传输易拥堵丢失等难题。与研制目标相比，电压精度达 0.08%F.S.（%F.S. 是指传感器的指标相对于传感器的满量程误差的百分数，F.S.=full scales），电流精度达 0.03%。

（4）建立了动力电池测试与模拟仪器"电－磁－热"多物理场一体化集成制造技术体系，解决了大功率高频化带来的高效热稳定控制、电磁兼容等技术难题。

仪器的主要技术指标及先进性情况如下表所示。

主要技术指标及先进性情况

技术指标		目标值	完成指标	先进性情况
电池性能检测精度	荷电状态估计误差	≤ 6%	≤ 1%	现有电池测试仪器无此功能，增量指标
	健康状态估计误差	≤ 8%	≤ 2%	
	剩余使用寿命预测误差	≤ 10%	≤ 5%	
模拟精度	电池模拟误差	≤ 4%	≤ 0.8%	
技术性能指标	标称容量	50kW/150kW	50kW/150kW	完成
	输出电压	0 ~ 750V	0 ~ 750V	
	输出电流	± 250A	± 250A	
	额定负载效率	≥ 93%	93.2%	超过预期指标完成，改善指标
	电压精度	± 0.1% F.S.	± 0.08% F.S.	
	电流精度	± 0.1% F.S.	± 0.03% F.S.	
	质量	< 750kg	650kg	
	上升时间	< 3ms	< 1ms	
	转换时间	≤ 10ms	≤ 2.2ms	
	电流纹波	1% F.S.	0.18% F.S.	

该仪器在如下多个领域取得应用。

（1）新仪器用于电池技术科学前沿研究和电池生产制造，支撑"造好电池"。我国动力电池产业已成为全球市场增长的主阵地和科技创新的新引擎。"高比能、高安全、长寿命、低成本"是动力电池研发和制造的主旨。电流充放电转换时间是仪器的核心指标，电流前沿越陡，激励的频谱越全，测试越准。实际情况中，激励电流控制快与准的突出矛盾属国际性难题。团队攻克了大功率高频化激励电源控制技术，研发的新仪器动态响应快，充放电转换时间短且无超调、纹波小，能够充分激励电池特性，首次实现电池健康状态、电池剩余寿命等性能参数的快速测取和综合评价，为电池研发和生产应用提供科学数据。该仪器已应用于电池生产厂家、科研院所等，并取得良好成效。

（2）新仪器被国家权威检测机构用于检测电池及其管理系统等，保障"用好电池"。发挥电池测试的先导作用，是电池"问诊把脉，对症下药"，规避和防治动力电池重大安全事故的有效方法。团队研发的动力电池综合测试与智能模拟仪器响应快、精度高、评价准、效率高，关键性能指标优于国际一流品牌。中国北方车辆研究所、中检集团南方测试股份有限公司将该仪器用作电池管理系统、储能系统、退役电池等标准化测试高端标定仪器，丰富了电池测试手段，为电动汽车和新能源等产业健康快速发展提供了有力保障。

（3）新仪器用于电动装备研发，实现"拟好电池"。动力电池是新能源汽车、无人飞机、电动船舶等各类电动装备的能量源泉。采用真实电池供电会造成电动装备测试试验的适应性和操作灵活性差、周期长、成本高、安全性差，并不能满足快速性、连续性和长期性的试验需求。尤其是真实电池，每用必衰，难以重复和还原相同条件下的真实测试和极端工况下的试验。为此，团队研发的新仪器独具动力电池稳态/暂态特性模拟功能，输出精度高，电压范围宽，能够真实反映具有高度非线性和不确定性的动力电池供电特性，灵活可控，一机多用，测试安全可靠，可及时回馈吸收测试负载的制动能量，有效降低研发周期与成本。特别是新仪器能够重复性验证和创造安全故障状况，满足各类电机、逆变器和充电桩等电动装备极端工况下长周期的安全可靠试验，已在我国大型新能源汽车企业应用。

相关成果形成论文多篇，获授权发明专利15项，形成标准3项，获得何梁何利基金科学与技术进步奖、第十四届光华工程科技奖、中国自动化学会自然科学奖一等奖、日内瓦国际发明展金奖、中国专利优秀奖等荣誉。

该仪器是动力电池研发、生产、应用等环节必需的设备，广泛应用于科研院所、高等院校、电池生产厂家、新能源汽车整车制造企业等单位。当前新能源汽车、储能产业正处于蓬勃发展阶段，锂离子电池是提供动力和能量的首选。特别是国家"双碳"目标对大规模发展新能源产业的现实需求，促使电池测试仪器市场份额持续攀升，预计到2030年，电池测试仪器的市场规模将达万亿元，应用前景十分广阔。

▲ 自主研制的50kW/150kW 动力电池综合测试与智能模拟仪器

张承慧，zchui@sdu.edu.cn，山东大学

空间运动信息仿生智能感知飞行仪器

自主导航是飞行器的关键技术与瓶颈技术。电子干扰和对抗技术的发展，对导航定位系统在卫星拒止、博弈对抗、陌生静默等复杂环境下的自主性、适应性和鲁棒性提出了越来越高的要求。生物复眼导航具有强自主性、误差不积累、快响应等特点，是生物感知与自主导航的技术前沿，具有重要的科学研究及工程应用价值。

北京航空航天大学郭雷教授团队研制了空间运动信息仿生智能感知飞行仪器。团队通过揭示与模拟生物体复眼自主导航机理，突破了自适应仿生偏振导航传感、多源误差精细标定与仿复眼紧组合系统复合滤波等一系列关键技术。团队开发了一系列飞行器仿复眼偏振导航传感器、仿生自主组合导航系统及测试软件，研制的产品具有自主知识产权，关键器部件、工艺等实现了自主可控，技术指标优于公开报道的美国SkyPASS军用产品及法国国家科学研究中心的仿沙蚁偏振传感器。同时，团队还开展了中国航天科技集团公司第十一研究院的彩虹-5长航时无人机、中国兵器装备研究院的某型导弹、中国航天科技集团公司第一研究院的某型高超声速飞行器等型号的测试、验证与应用。研究成果为我国无人机、导弹等飞行器研制提供了重要的理论支撑，为解决卫星拒止环境下的技术问题提供了崭新工具。

在该仪器的研制过程中，形成了如下多项自主知识产权的关键技术。

（1）针对跨空域飞行任务中偏振导航传感器的复杂光学环境适应性问题，提出了环境不确定性量化的仿生偏振导航传感器鲁棒建模及自适应解算方法，突破了仿生偏振导航传感器多源误差精细估计与补偿技术，解决了非理想环境下复眼神经球面传导与运动信息自适应反演等技术难题，研制了飞行器仿复眼点源式偏振导航传感器及测试软件。室外测试和应用表明指标优于法国国家科学研究中心的标志性成果，航向精度提高了3倍。

（2）针对飞行器空间机动任务中三维姿态运动信息的空间可用性问题，提出了仿生多传感器信息融合系统紧组合建模与多源干扰复合滤波方法，发明了仿生偏振/光流/平衡棒组合系统三维空间运动信息实时抗干扰融合技术，研制了基于可观测度分析的多源干扰抑制和补偿软件。

（3）针对长航时飞行器初始对准和自主导航的时间响应性问题，提出了基于分布式时空信息的仿复眼组合导航系统智能信息匹配方法，突破了仿复眼组合导航系统快速初始对准技术和基于环境阈值的仿复眼组合导航系统动态优化技术，研制了飞行器仿复眼全自主组合导航系统，并开发了测试评估平台。

该仪器在无人机和导弹等高动态飞行器领域有重要应用。在飞行器长航时导航方面，仪器已应用于中国航天科技集团和中国兵器装备研究院等单位的飞行器导航装备的研发与设计任务，在无卫星导航信号环境下，飞行器飞行试验稳态航向角精度达到了0.1°，指标超过了欧美地区的产品。在导弹和巡飞弹机动发射方面，针对武器发射系统边走边打、停车就打的无依托快速机动发射作战需求，仪器将导弹机动发射条件下的对准时间提高到了20s，可用于某系统机动和快速发射等任务。在高超声速飞行器跨空域导航方面，针对我国高超声速飞行器拒止环境下自主导航的迫切需求，仪器应用于中国航天科技集团公司第一研究院战术武器事业部某型临近空间高超声速飞行器高空环境飞行测试任务。

相关成果形成论文多篇，获授权发明专利多项，获2019年第六届杨嘉墀科技奖一等奖、2020年中国仪器仪表学会技术发明奖一等奖、2022年第6届中国（国际）传感器创新创业大赛特等奖、2022年第74届德国纽伦堡国际发明展览会金奖等奖项。

该仪器可与惯性导航、天文导航、地磁导航等导航方式进行优势互补，为卫星信号干扰、陌生静默、非结构化等复杂环境下的飞行器自主导航提供一种有效的解决途径，满足我国无人机和导弹等飞行器的设计和研制需求。

▲ 空间运动信息仿生智能感知飞行仪器样机

杨健，jyangbuaa@126.com，北京航空航天大学

基于原子自旋效应的超高灵敏磁场与惯性测量实验研究装置

极弱磁的化学物质成分、生物分子结构等的分析与发现迫切需要超高灵敏磁场与惯性测量装置，飞行器的超高精度惯性导航与制导迫切需要灵敏度更高的惯性测量器件。基于原子自旋的无自旋交换弛豫态可实现对磁场与惯性的超高灵敏测量，其理论灵敏度大幅超越了现有手段。为实现原子自旋对磁场与惯性的超高灵敏测量，需要深入研究原子自旋极化的精密操控、原子自旋进动的高精度检测等科学问题。

北京航空航天大学房建成教授团队研制了一套基于原子自旋效应的超高灵敏磁场与惯性测量实验研究装置，装置包含超高灵敏的磁场测量、超高灵敏的惯性测量、结构限域介质材料与内嵌原子操控三个子平台及配套专用实验平台。团队突破了抗弛豫碱金属气室、磁场高效屏蔽、自旋态的精密操控、高精度原子自旋进动检测、自旋惯性定轴闭环控制、结构限域介质材料与内嵌原子操控等技术，将研制的装置应用于原子自旋极化的精密操控、原子自旋进动的高精度检测等新原理和新方法的实验研究中，为物质的极弱磁性研究及超高精度惯性导航与制导技术研究提供了先进的实验平台，对推动超高灵敏磁场和惯性测量技术的发展具有重要意义。

仪器的主要特点和技术创新点如下。

（1）成功研制基于原子自旋效应的超高灵敏磁场测量装置。其中，基于K原子，实现磁场梯度测量灵敏度 $0.089fT/Hz^{\frac{1}{2}}$@（ $30 \sim 39Hz$）。突破了抗弛豫碱金属气室技术，原子气室磁共振线宽优于2Hz；攻克了磁场高效屏蔽技术，磁屏蔽因子优于 10^6；提出了高精度原子自旋进动检测方法，实现了检测光旋角噪声小于 $2 \times 10^{-8}rad/Hz^{\frac{1}{2}}$，单项技术达到国际领先水平。

（2）成功研制基于原子自旋效应的超高灵敏惯性测量装置。其中，基于K-Rb-^{21}Ne原子实现惯性测量灵敏度指标 $1.8 \times 10^{-6}rad/s/Hz^{\frac{1}{2}}$@1Hz，对应 $6.8 \times 10^{-8}rad/s/Hz^{\frac{1}{2}}$@（ $85 \sim 94Hz$）。利用混合光抽运实现核子超极化，核子极化率优于15%；突破了无自旋交换弛豫态和核自旋自补偿的精密闭环控制技术；突破了电子–核子强耦合高压原子源制备技术，实现了15个大气压异形碱金属气室的制作；突破了混合碱金属原子配比精准控制技术，摩尔比配备精度优于5%，单项技术达到国际领先水平。

（3）成功研制结构限域介质材料与内嵌原子操控惯性测量装置。基于电子自旋布居数分布测量磁场灵敏度为 $0.23nT/Hz^{\frac{1}{2}}$，对应 ^{14}N核自旋惯性测量的灵敏度为 $4.6 \times 10^{-5}rad/s/Hz^{\frac{1}{2}}$@（ $3.4 \sim 3.6Hz$），核自旋惯性灵敏度达到了同类装置国际先进水平。攻克了大区域色心同步操控技术，实现了 $0.64mm^2$ 范围内同步性达97.1%；实现了11.42MHz的拉比频率，保真度达99.7%；突破了全反射透镜荧光收集技术，荧光收集效率提高了64倍，对比度提高了1.9倍。

团队通过研制该仪器，验证了基于原子自旋效应在磁场与惯性测量的新原理和新方法，突破了关键核心技术。研制的超高灵敏磁场与惯性测量装置的技术指标达到了国际领先水平，为脑科学研究、生物极弱磁探测、精密计量测试、惯性导航、深空深地磁探测、重大前沿基础物理研究等提供先进的实验平台，引领量子精密测量领域的技术变革，推动极弱磁场与高精度惯性测量的快速发展。

该仪器在原子自旋陀螺仪、极弱磁场计量、零磁医学及功能成像装备、前沿基础物理学等领域都有重要应用。

（1）支撑原子自旋陀螺仪研制。惯性导航技术是唯一不受干扰、全自主、运动参数最完备的高精度定位导航技术，已成为国防科技领域和国民经济领域不可或缺的关键技术。高精度陀螺仪是惯性导航技术的核心器部件，基于无自旋交换弛豫（spin-exchange relaxation free，SERF）效应的超高灵敏惯性测量是一种变革性量子惯性导航新技术，具有重要意义。团队研制的超高灵敏惯性测量装置相关核心技术已转化、应用于高精度原子陀螺仪的研究中，原子陀螺仪样机零偏稳定性达到 10^{-3} rad/h 量级，优于国外公开报道的最好指标。此外，团队与中国航空工业集团304所正在联合研制新一代超高灵敏度惯性计量测试装置，有望应用于高精度原子陀螺仪的灵敏度计量测试。未来，原子陀螺仪有望服务于我国远程飞行器、水下航行器等国防重大需求，完成高精度惯性导航系统的更新换代，实现"打得准""定位精"，助力我国在这些领域占领技术制高点。

（2）填补极弱磁场计量领域。超高灵敏度磁强计在空间磁探测、基础科学研究等领域都有广泛应用，这些磁强计需要高精度的计量装置对其进行精确标定和测试。现有的弱磁场计量基准通常标定精度为皮特量级，无法对飞特量级甚至更低的磁场范围进行标定测试，标定精度也难以进一步提高，无法完成高性能磁屏蔽舱及屏蔽桶的测试，导致国内弱磁领域磁场计量工作存在盲区。在深空探测领域，具备对月球、火星等星体的极弱磁场探测能力是抢占科技制高点的核心与关键。我国现有的深空磁探测载荷是磁通门磁强计，灵敏度仅为纳特量级，并且存在零偏和漂移大、温度稳定性差等缺点，不能满足深空磁探测任务的需求。团队研发的超高灵敏极弱磁场测量装置的核心技术已成功应用于计量原子自旋磁强计的研制，实现了灵敏度 2T/Hz$^{\frac{1}{2}}$@（20～100Hz），已用于高性能磁屏蔽系统的性能测试中，并为深空探测提供了一种高灵敏度测量方法，支撑了磁异常探测磁强计的研制。

（3）开拓零磁医学及功能成像装备新方向。我国的心、脑、血管等重大疾病的发病率日益升高，严重威胁了人们的生命健康。准确的医学检测手段是疾病早诊、早治的前提。现有的医学检测手段主要包括生化检测、结构检测和功能信息检测。生化检测和结构检测已发展较为成熟，但功能信息检测手段还难以满足医学的应用需求。利用超高灵敏极弱磁场测量技术，可对脑磁、心磁等人体极弱磁信号进行检测和成像，为人体功能信息成像带来了新机遇。团队基于超高灵敏极弱磁场测量装置的核心技术，已成功研制出芯片化原子自旋磁强计，实现了灵敏度 5fT/Hz$^{\frac{1}{2}}$@（10～100Hz），探头体积为10cm^3。在此基础上，团队自主创新并研制出基于光纤分光的32通道极弱心、脑磁成像等零磁医学装备，实现了对人体功能信息的无损检测和高分辨率成像。极弱心磁成像装置于2022年获得医疗器械认证，并在山东大学齐鲁医院、浙江大学医学院附属第二医院开展了临床试验。山东大学齐鲁医院开展的心肌缺血检测临床试验已采集2000余例人体心磁数据，实现了国内医疗机构零磁医学数据拥有量最大，初步掌握了心磁关键特征参数的正常范围，建立了冠心病识别模型，检测冠脉狭窄和血流不良的灵敏度和特异度超过了90%，实现了不同程度、不同位置的病变分类识别。极弱脑磁成像装置正在进行医疗认证，有望用于癫痫、帕金森病、阿尔茨海默病等重大疑难疾病的早期诊断。团队基于以上成果，在国际上提出了以零磁环境下的人体功能信息检测和调控为核心的"零磁医学"。

（4）支撑前沿基础物理学探索研究。利用超高灵敏的惯性测量装置，可以在小型实验室内探测暗物质、暗能量，检验标准模型等，这对基础物理的研究有着重要的意义。团队与清华大学、复旦大学、美国杜克大学、德国亥姆赫兹研究所等单位合作，开展直接探测超越标准模型的轻质量暗物质和第五种力研究，为第五种力和超轻暗物质的存在划定了新的存在区间，超过了之前实验获得的最佳结果。

相关成果形成论文多篇，获授权发明专利25项。国家可基于该仪器的研究成果，进一步建设重大科技基础设施，实现超高灵敏原子自旋磁场惯性测量装置指标的国际领先。该装置既突破了技术瓶颈，又可推动神经科学脑科学、医学研究领域的发展。

▲ 超高灵敏极弱磁场测量装置外观及内部照片

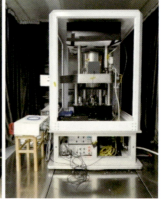

▲ 超高灵敏原子自旋惯性测量装置外观及内部照片

韩邦成，hanbangcheng@buaa.edu.cn，北京航空航天大学

半导体及制造技术

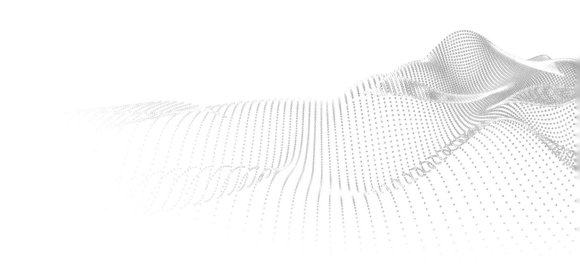

1.5 米扫描干涉场曝光系统

实现激光惯性约束核聚变是解决人类能源危机的重要途径之一，获取超强超短脉冲激光是重点研究与发展的技术领域。目前，高功率激光系统中的皮秒输出主要依赖于啁啾脉冲放大（chirped pulse amplification，CPA）系统，大面积高精度脉冲光栅是CPA技术中获取高能量短脉冲激光的核心元器件。

中国科学院长春光学精密机械与物理研究所巴音贺希格研究员团队面向高能拍瓦激光技术等战略高科技领域对大面积光栅的迫切需求，研制出以步进扫描多线曝光方式制作米级口径光栅的1.5m扫描干涉场曝光系统。团队经过七年攻关，通过解决和突破长程重载工作台超精密定位、曝光干涉场超精密测量及相位锁定等十几项基础问题和关键技术，研制出了拥有制作最大面积650mm×1700mm的单体无拼缝全息光栅能力的扫描干涉场曝光系统，超越了美国PGL公司研制的扫描干涉场曝光系统Nanoruler II长期保持的最大面积600mm×920mm记录，这对高能激光、可控核聚变、高端光刻等领域的技术与产业推进具有重大的战略意义。

仪器的主要特点和创新点如下。

（1）曝光光束姿态调控。提出了光学系统拓扑结构及光学参数综合优化方法，实现了曝光光束角度和位置误差的解耦，并创建了新型动态增益调整迭代算法，通过压缩初始光束参数超调量和加快收敛速度，解决了光束对准超调量不易控制、调整迭代时间长的难题，实现了曝光光束角度稳定精度优于1μrad，位置稳定精度优于5μm，保障了曝光对比度与掩模均匀性。

（2）干涉条纹的非线性度与方向的测量及控制。建立了扫描干涉场曝光条件下光栅刻线分布数学模型，提出了采用差频测量技术提取基准光栅相位信息，并基于基准光栅的干涉条纹非线性度和方向的测量调整方法，结合曝光光束姿态和波前调控，实现了干涉条纹非线性度优于7nm，方向优于9μrad，对光栅刻线位置产生的影响小于1nm。

（3）干涉条纹的周期测量与相位锁定。提出了分束棱镜位移与探测光强同步时基高速（50kHz）采集，并将带通滤波、数据插值和频谱分析方法相结合，提高了测量重复性和抗干扰能力，使干涉条纹周期测量精度优于10ppm。提出了利用四合一棱镜的干涉条纹相位外差式对称测量方法，创建了扫描干涉场动态相位锁定参考值模型，通过硬件及以太网高速互联的分布式控制系统进行协同控制，对曝光过程中干涉条纹相位误差进行动态补偿，相位锁定精度优于3nm，保证了光栅刻线的精准拼接。

（4）二维运动工作台纳米精度测量。开发了伸缩式多级嵌套测量光路密封结构，实现了从曝光光束到测量光束的全光路封闭传输，降低了环境扰动对测量精度的影响。提出了X轴测量镜面形三点正逆积分检测方法，研制了以700mm单轴测量镜实现正交双轴测量镜功能的新型在线检测系统，避免了工作台Y轴长达1800mm测量镜的使用，降低了装备的复杂度。提出了利用三路激光干涉仪的检测结构，实现了X轴测量镜面形误差数据实时在线补偿，确保了光栅衍射波前质量。

（5）长行程重载荷工作台系统研制。优化了扫描干涉场双层工作台结构，突破了高比刚度氧化铝陶瓷材料的烧结、研磨、钻孔等技术和工艺难题，研制了一致性极高的氧化铝陶瓷动导轨组件，采用现场边精研、边检测、边装调的工艺方案，实现了装调过程中的误差补偿和误差修正，提高了工作台的总体输出精度，使有效行程为1700mm的X向导轨直线性优于0.1″，使载重1347kg的工作台X向定位精度优于50nm，使有效行程为650mm、载重278kg的工作台Y向运行速度稳定性优于1%。

在该仪器的研制过程中，形成了如下多项自主知识产权的关键技术。

（1）扫描干涉场干涉条纹相位精密测量与锁定技术。针对干涉条纹相位测量精度低、抗干扰能力差的问题，提出采用光路对称测量法，设计四合一棱镜实现干涉条纹相位的外差精密测量。创建了扫描干涉场动态相位锁定参考值模型，包含扫描曝光过程中造成干涉条纹相位无法匹配的主要误差因素，扩展了已有模型的涵盖范围。提出了外差相位数据高速采集方法，采用硬件接口读取相位测量数据，实现了最高50kHz的采样频率，保证了干涉条纹相位的高速调整。建立了硬件及以太网高速互联的分布式控制系统，进行协同控制，对曝光过程中干涉条纹相位误差进行动态补偿，相位锁定精度优于10nm。

（2）1.5m长行程位移纳米精度测量技术。使用外差测量方法测量工作台位移，提出了伸缩式多级嵌套式光路密封结构，使密封系统与工作台同步运动，保证整个曝光过程的测量光路不受外界环境扰动的影响，并利用波长跟踪器补偿测量光路的折射率变化，提高工作台测量精度，保证干涉条纹的精确拼接，光栅衍射波前质量优于$\lambda/2$。

（3）基于基准光栅的外差型干涉条纹方向调整方法。根据扫描干涉场曝光系统的特点，提出了基于基准光栅的干涉条纹方向调整方法。创立了双频激光测量基准光栅刻线方向的方法，将基准光栅刻线方向和扫描方向之间的夹角调整至优于4μrad。结合五步相移法测量并调整干涉条纹方向与基准光栅刻线方向之间的夹角，最终保证干涉条纹方向与扫描方向之间的夹角优于9μrad，对扫描曝光对比度的影响小于1%。

（4）光束姿态控制调整技术。针对工作台、光学元件振动，外界环境扰动及光源本身造成的光束漂移抖动问题，为了满足扫描曝光系统对于光束指向精度与稳定性的要求，提出了针对扫描干涉曝光技术的宏动光束指向调整与微动光束稳定相结合的光束姿态控制调整方法，有效保证了光激光束的重叠精度与长期运行的指向稳定性，实现了光束角度稳定精度优于0.6μrad（1σ），位置稳定精度优于3μm（1σ），有效保证了曝光对比度与掩模均匀性。

该仪器在强激光和精密位移测量领域有重要应用。在强激光领域，高功率皮秒激光输出依赖于啁啾脉冲放大系统，大口径脉冲压缩光栅是啁啾脉冲放大技术中获取高能量短脉冲激光的核心光学元件。团队针对我国相关强激光装置的1.4m口径脉冲压缩光栅需求，开展了技术攻关，成为我国超强激光装置制造米级尺寸光栅的重要途径。在精密位移测量领域，光栅位移传感器以光栅栅距为测量基准，在复杂工况下具有极高的测量精度，是发展高端制造业的核心技术，高端光刻机采用大尺寸二维光栅实现工作台的精密运动反馈。针对此需求，团队开展了基于大口径二维光栅的多维测量与校准方法理论研究，实现了一维至六维的超复杂目标测量，为新一代信息技术、机器人等领域提供大行程、多维度、高精度位移测量等技术支撑。

相关成果形成论文多篇，获授权发明专利9项。该仪器的研制标志着我国已具备独立制作米级单体无拼缝全息光栅的能力，打破了国外长期垄断的局面，对高能激光、可控核聚变、高端光刻等领域的技术与产业推进都具有重大的战略意义。

▲ 1.5m 扫描干涉场曝光系统主设备外观

▲ 1.5m 扫描干涉场曝光系统

王玮，wayne_lzu@163.com，中国科学院长春光学精密机械与物理研究所

基于微电子机械系统技术的新型电容薄膜真空计

为了满足深空探测、空气动力学研究、临近空间探索等众多领域对真空测量仪器测量准确度高、体积小、质量轻、功耗低的应用需求，兰州空间技术物理研究所李得天研究员团队研制了一种基于微电子机械系统（micro-electro-mechanical system，MEMS）技术的新型电容薄膜真空计。在突破大宽厚比平整感压薄膜研制、新型电容薄膜真空计高分辨率实现、整体封装等三项关键技术的基础上，实现了新型电容薄膜真空计（测量范围为 1～1000 Pa）的国产化。研究成果对促进我国真空技术的发展，尤其是真空测量仪器向小型化、集成化发展，扩展真空测量应用领域，具有重要的科学意义。

仪器的主要技术特点及先进性如下。

（1）真空阳极键合工艺。真空阳极键合是绝压式MEMS电容薄膜真空计的关键工艺，决定着真空腔的初始真空度。研制的真空阳极键合设备解决了高真空腔存在热源情形下的真空维持难题。该工艺需同时满足三个要求：能够高质量、高成功率地完成硅－玻璃键合；键合温度与吸气剂薄膜激活温度相同，键合过程中能同时完成激活；保护感压薄膜不被高温破坏。

（2）NanoGetter吸气剂薄膜制备方法。利用自主研发的六靶位多用途高真空磁控溅射镀膜设备进行镀膜，研制的吸气剂薄膜的吸气速率（103.9mL·s^{-1}·cm^{-2}）高于意大利SAES公司类似产品的性能指标。

（3）MEMS电容薄膜真空计结构。采用"先差压，后绝压"的研制思路，设计并制造了差压式MEMS电容薄膜真空计以评估感压薄膜性能。绝压式结构避免了电极从真空腔的引出，有效保障了真空腔真空度保持，降低了工艺难度。为了提高真空计性能，开发了方膜结构、圆膜结构、接触式结构、双腔结构、四膜结构等，有效提升了真空计性能、鲁棒性和稳定性，为研究目标的实现奠定了基础。

此外，团队根据MEMS电容薄膜真空计的特点与独特的操作方法，制定了国家军用标准JJF（军工）297—2021《微型电容薄膜真空计校准规范》，并于2021年批准发布，2022年4月1日起实行。该规范统一了基于MEMS技术的微型电容薄膜真空计的使用和校准条件，从而保证了真空量值的准确和统一。同时，该项国家军用标准的制定，为我国航天、航空、电子和核工业等领域MEMS电容薄膜真空计的使用提供了统一的遵循标准。

该仪器在如下多个领域取得了应用。

（1）成功立项型号任务，将在中国探月工程任务中作为科学载荷搭载升空，用于监测水分压力，并为其他科学仪器的开机/关机提供判断依据。目前，型号产品已经通过力学、热学、真空等环境试验。

（2）作为压力测量单元，将在中国空间站"地外生存人工光合作用技术实验"项目中进行压力监测。此外，作为天问–3任务"火星大气成分测量仪"的重要组件，该仪器将用于火星大气压力测量，以获得火星大气压力剖面曲线。

（3）仪器在国防科技工业真空一级计量站、国家低温容器质量监督检验中心、兰州大学等单位的真空计量、特种设备试验和风洞实验等领域得到应用，满足了国家重大科研任务对低真空测量的需求。

（4）在核工业涉及的氟化氢、金属氟化物环境下，传统电容薄膜真空计感压薄膜的Inconel合金或陶瓷材料非常容易腐蚀，严重影响仪器性能。单晶硅材料具有极好的耐腐蚀性能，以其为原材料制作的MEMS电容薄膜真空计可以抵抗上述化学物质的腐蚀。因此，该仪器在核工业领域具有广阔的应用前景。

（5）仪器在福建赛特新材股份有限公司生产的真空绝热板产品上进行了应用。公司认为，该仪器具有大规模生产制造的产业化前景，可以开展产业化合作。

相关研究成果形成论文多篇，申请发明专利12项，其中获授权发明专利4项。相关成果获何梁何利科技创新奖1项、全国创新争先奖1项。

基于MEMS技术的新型电容薄膜真空计具有体积小、质量轻、能耗低、精度高等优点，作为高端产品，可用于航空航天、国防军工、国家重大科研任务等领域。在市场化开发方面，此仪器生产工艺成熟、标准化程度高、成本低，具有大批量生产优势，在工业生产中具有广阔的市场前景。

▲ 基于 MEMS 技术的新型电容薄膜真空计

李刚，ligangcasc510@163.com，兰州空间技术物理研究所

激光诱导瞬态热探针式高速旋转型无掩模激光直写纳米光刻系统

光学元件已广泛应用于光电子领域，随着光电子技术的发展，光学元件需具有特殊的微纳结构，从而满足不同功能的需求。特别是在混合折衍射光束整形、波前纠正、非球面零位检测和非衍射束产生、超聚焦、增透减反、纳米尺度光斑获取及高精度小型化光栅码盘等诸多应用中，都需要微纳结构的光学元件。

中国科学院上海光学精密机械研究所魏劲松研究员团队提出的激光诱导瞬态热探针纳米光刻技术，利用硫系半导体薄膜材料在可见光波段的光学非线性饱和吸收效应，通过聚焦激光在该薄膜材料中诱导形成一种虚拟的纳米尺度分辨的瞬态热探针，然后通过该瞬态热探针进行微纳结构的刻写。该技术能够与传统的激光直写技术进行有效融合，然后采用传统的聚焦激光直写方式来实现纳米尺度分辨的无掩模激光直写光刻。

仪器的主要创新点如下。

（1）建立了极坐标数据生成和传输理论模型，通过导入、解析刻写数据文件，提取刻写数据，并将其从直角坐标系转换到极坐标系。根据需要设计了无映射模式、映射表模式和公式映射模式三种映射模式，以满足光刻过程中对不同材料、不同工艺的需求。针对转换后数据量过大的情况对转换后的数据进行压缩，提高数据传输的速率。设计了1套上下位机的数据传输系统，将刻写数据从上位机传输到下位机，并进行解压缩，解压缩后的数据通过数模转换器转换成电压信号，传递给激光器进行刻写。

（2）搭建了1套离焦检测系统，并对该系统的性能进行了测试，离焦检测系统的检测精度优于50nm，动态范围高于30μm。研制了多套高速旋转型无掩模激光直写纳米光刻系统的实验性原理样机和工程性原理样机，该系列样机主要包括刻写激光器模块、自动寻焦模块、自动跟踪模块、照明成像模块、运动控制模块、控制和软件系统等，最大样品尺寸为Φ120mm，最高刻写速率达到了8～10m/s，结合基于光学非线性饱和吸收效应的激光诱导瞬态热探针纳米光刻，最小特征尺寸小于100nm。

（3）开发了2种新型二元热模光刻胶材料，最高激光直写分辨率优于100nm。系统性地研究了热模光刻显影和图形转移工艺基础，掌握了灰度（多阶）光刻、跨尺度光刻、微纳光刻、浮雕结构制备工艺。通过综合优化刻写工艺，实现了激光诱导瞬态热探针纳米光刻，在AIST无机热模光刻胶上得到了最小线宽82.6nm的光刻图形，在金属有机螯合物薄膜上得到了最小尺寸为31nm的图形结构。制备了一系列微纳光学结构和器件原型，如光栅结构、点阵结构、同心圆结构、螺旋形结构、菲涅耳波带片、光子筛、分辨率版等。

仪器的主要技术指标如下。

（1）刻写光源的激光波长为405nm。

（2）聚焦显微透镜的数值孔径最高为0.90 ～ 0.95。

（3）刻写光斑最小为～ 0.5um，半高宽为0.25um。

（4）最小脉宽达到2ns。

（5）最高刻写速率达到8 ～ 10m/s量级或cm^2/min量级。

（6）结合热模光刻胶曝光技术与光刻工艺，最小特征尺寸小于100nm。

（7）样品尺寸为Φ120mm。

（8）基片厚度为1.5 ～ 3.0mm。

（9）能进行二元、多元、浮雕结构以及灰度图形刻写。

仪器特别适用于光学元件上微纳结构的高速高精度无掩模激光刻写。该仪器在研制过程中形成的成果与技术得到了多项应用：为华为技术有限公司（上海）构建了高速平移式相变光存储系统；为华东师范大学和苏州科技大学构建高速激光加工与光刻设备系统；为上海科技大学的翁祖谦教授课题组加工了硬X射线的分束器件；与无锡中微掩模电子公司探索应用于光掩模制造，加工制备了各类微纳结构的光学元件。

相关研究成果形成论文多篇，获授权发明专利4项，形成英文和中文专著各1部，部分成果获得2018年度首届“率先杯”决赛优胜奖、2018年度中国光电产业投融资峰会优秀路演项目、2021年度华为技术有限公司（上海）优秀技术成果奖。

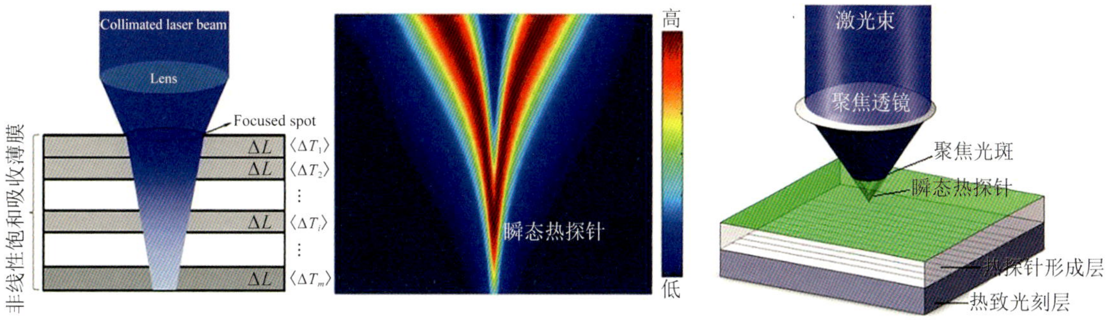

（a）用于分析热探针形成的多薄层模型，每层厚度为ΔL　（b）模拟形成的瞬态热探针　（c）瞬态热探针在热致光刻层上进行纳米光刻

▲光学非线性饱和吸收诱导瞬态热探针纳米光刻示意

▲ 无掩模激光直写纳米光刻系统

魏劲松，weijingsong@siom.ac.cn，中国科学院上海光学精密机械研究所

基于微电子机械系统技术的近地层梯度风测量仪器

近地层梯度风测量对气象防灾、重大基础设施抗风、风能开发利用及智能电网等有重要意义。20世纪40年代出现的机械式风杯式风速风向传感器惯性大、测量误差大，且启动风速高、体积大、功耗大；20世纪70年代出现的超声式风速风向传感器易受环境颗粒物、雾等影响，体积大、功耗大、安装不便；新兴的MEMS风速风向传感器避免了上述缺点，但技术指标尚未达到梯度风测量的需求。

东南大学黄庆安教授团队建立了全量程MEMS风速风向传感器风－热－电耦合模型；提出并实现了单芯片温度平衡（TB）模式和恒温差（CTD）模式工作的传感器；建立了环境温度、湿度对MEMS风速风向传感器输出影响的模型，提出并实现了温度补偿方法；发明了MEMS风速风向传感器环形塑封封装技术，降低了封装/组装的几何偏差，提高了传感器测量准确度；开发了传感器与支撑结构以及传感器与测控电路的组装技术；研制了MEMS风速风向传感器。

该仪器的主要创新点如下。

（1）建立了全量程MEMS风速风向传感器风－热－电耦合模型，为传感器设计提供了理论指导；提出并完成了TB模式和CTD模式工作的传感器，实现了0～75m/s量程，这是目前国内外公开报道的MEMS风速风向传感器最高量程。

（2）提出并实现了基于陶瓷衬底的传感器芯片制备工艺及流程，研制出了TB模式和CTD模式的单芯片传感器。

（3）发明了1种MEMS风速风向传感器环形塑封封装技术，降低了封装/组装的几何偏差，提高了传感器测量准确度；开发了恒温差模式和温度平衡模式控制电路。

（4）建立了环境温度、湿度、气压对MEMS风速风向传感器输出影响的模型，通过理论与实践表明了温度效应产生的明显影响，提出并实现了温度补偿方法，为传感器的现场应用奠定了基础。

（5）开发了传感器与支撑结构以及传感器与测控电路的组装技术，研制的MEMS风速风向传感器满足任务书要求，实现了梯度风仪器的现场测试演示。

该仪器的主要技术指标如下表所示。

主要技术指标

描述	技术指标		计划指标	完成指标
核心技术指标	风速	测量范围	0～75m/s	0～75m/s
		最大误差	±（0.5+0.03）V·m/s	±（0.3+0.03）V·m/s
		起动风速	0.5m/s	0.3m/s
	风向	测量范围	0～360°	0～360°
		最大误差	±3°	±3°

描述	技术指标	计划指标	完成指标
工作环境指标	温度	−50 ～ +70°C	−50 ～ +70°C
	湿度	0 ～ 100%RH	0 ～ 100%RH
	气压	550 ～ 1080hPa	550 ～ 1080hPa
应用指标	半径	≤ 60mm	60mm
	高度	≤ 60mm	60mm
	功耗	≤ 1W	0.128W@30m/s

相关研究成果形成论文多篇，获授权发明专利 7 项。宽量程 MEMS 风速风向传感器设计与制造关键技术及应用获得 2019 年度教育部技术发明奖一等奖。该仪器的主要应用领域包括智能电网和便携式气象仪器等。仪器已在长春气象仪器研究所（气象仪器整机单位）完成现场演示试验。国家气象仪器现行风速仪标准量程是 0 ～ 60m/s，且仅在地面应用，而该仪器实现了 0 ～ 75m/s 量程，同时与传统风速仪相比，MEMS 风速风向传感仪体积小、功耗低、成本低、安装方便，可在高空应用。中国南方电网有限责任公司已于 2022 年 6 月委托团队开发用于智能电网的 MEMS 风速风向传感器。

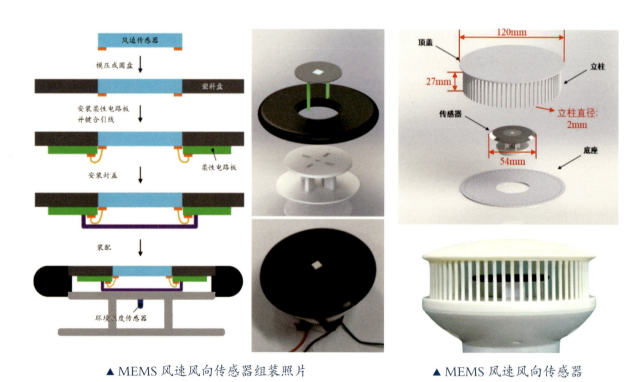

▲ MEMS 风速风向传感器组装照片　　　　▲ MEMS 风速风向传感器

黄庆安，hqa@seu.edu.cn，东南大学

用于氮化物生长的柔性衬底制备及其外延的高温气相沉积系统

氮化镓（GaN）基材料在光电子及微电子领域具有重大的应用前景，然而，制约其发展的核心问题是大失配、非平衡异质外延引起的应力和缺陷问题。柔性衬底有望解决这一难题，但目前国内外的 GaN 基外延设备均是单一的功能，无法兼备柔性衬底的制备和 GaN 基材料外延的功能。

中国科学院长春光学精密机械与物理研究所黎大兵研究员团队研制了用于氮化物生长的柔性衬底制备及其外延生长的高温气相沉积系统，提出了构建基于二维材料的复合柔性衬底和 GaN 基材料外延点缺陷实时调控的技术原理，将可制备基于二维材料/传统衬底的复合柔性衬底的腔室和点缺陷实时调控的 GaN 基材料外延腔室集成于一体，突破了高温多气氛围多腔室的设计制造难点，阐明了二维材料复合柔性衬底的表面和界面控制因素，揭示了 GaN 基材料在复合柔性衬底上的生长机制，实现了高质量 AlN、AlGaN 材料及高 Al 组分 AlGaN 的 p 型掺杂。基于此，团队成功研制了高性能 AlGaN 深紫外发光二极管（LED）与探测器。该仪器的成功研制有望推动 GaN 基材料与器件领域的发展。

该仪器的主要特点和创新点如下。

（1）兼具二维材料复合柔性衬底制备及 GaN 基材料外延生长功能。基于石墨烯/蓝宝石等复合柔性衬底，有望缓解氮化物异质外延的应力与缺陷问题，石墨烯通常通过转移的方式与蓝宝石等体衬底材料以范德华力的形式结合，但利用转移或者旋涂工艺获得的石墨烯表面的缺陷是随机形成的，难以控制氮化物的成核密度。同时，转移及旋涂石墨烯过程中会引入杂质污染，难以实现对石墨烯层数的控制。此外，转移过程会耗费大量时间和化学试剂，不适合大规模应用。目前，无论是金属有机物化学气相沉积（MOCVD）技术，还是分子束外延（MBE）技术，均无法同时完成柔性衬底制备及氮化物外延生长。基于此，团队创新性地提出了基于二维材料复合柔性衬底制备与氮化物外延生长一体化的生长系统，有效解决了目前氮化物范德华外延中石墨烯等二维材料转移带来的问题。

（2）氮化物材料生长腔室点缺陷可调控。为解决氮化物生长过程中点缺陷密度高的问题，设备创新性地采用高能紫外光辐照系统改变材料外延生长过程中的费米能级，从而调节点缺陷形成能，抑制点缺陷的产生的思想。本思想的理论依据是基于半导体理论和密度泛函理论，在半导体材料生长过程中，点缺陷的形成能与材料的费米能级存在依赖关系。采用高能深紫外光源辐照外延材料能够产生非平衡载流子，使电子和空穴的准费米能级发生分离，从而提高点缺陷的形成能，降低外延材料中的施主型缺陷密度，提高受主杂质的掺杂效率。基于此，团队研制了包括紫外光源、扩束系统等构成的紫外光辐照系统，实现了对点缺陷的调控，进而获得了高质量的材料和高性能器件。

（3）分区加热模式的加热模块实现高温场均匀性。氮化物外延过程通常会使用高温来促进反应发生并使原子在表面迁移，不均匀的温度分布将直接影响外延片质量的均匀性。团队采用内环、中环和外环三组钨丝电阻分区控制加热的方式，优化环形钨丝电阻的横向分布、缠绕密度及与样品台之间的纵向间距，实现样品台快速的升降温速率和均匀的表面温场。

（4）双层导流板垂直喷淋结构实现高流场均匀性。针对氮化物外延过程中的预反应和寄生反应难题，团队采用双层导流板垂直喷淋结构，有效降低了预反应和寄生反应。MOCVD生长氮化物过程中的金属源和NH_3源之间存在强烈的预反应和寄生反应，严重影响了器件性能。该设备的生长室气体传输方式采用双层导流板垂直喷淋，Ⅲ族源气体的传输设计为双层导流板垂直喷淋方式，由生长室上盖中的双层水平导流板和密布的垂直喷淋管路控制气流传输方向；Ⅴ族源气体由侧壁管路输运，在Ⅲ族管道间隙均匀传输进入生长室中，确保Ⅲ族源气体和Ⅴ族源气体的独立传输，最终有效降低预反应和寄生反应。

（5）提出量子工程掺杂调控受主激活能新方法。超宽禁带氮化物的p型掺杂溶解度低、自补偿效应明显、受主激活能高等问题严重阻碍了其掺杂效率。随着材料生长技术的迅速发展，掺杂剂溶解度低和自补偿的问题可以得到极大地改善。但是高受主激活能高的问题是由受主能级和超宽禁带氮化物物理本质决定的，难以克服。团队在理论上创新性地提出采用量子工程掺杂调控p-AlGaN材料掺杂剂Mg的激活能，进而获得高空穴浓度的p型AlGaN材料的方法，即通过在材料中引入GaN量子结构，提高局域价带顶位置，降低受主掺杂激活能。研究表明，该方法的掺杂效率由两个因素决定：一是GaN量子结构和基质的价带带阶关系；二是Mg受主与GaN量子结构的距离。基于该理论，团队获得了室温条件下60%Al组分的AlGaN的电阻率为$8\,\Omega \cdot cm$，空穴浓度为$1.25 \times 10^{18}\,cm^{-3}$，指标达到国际先进水平。量子工程掺杂理论能够有效提升氮化物宽禁带半导体材料的p型掺杂效率，同时也对整个宽禁带半导体掺杂理论的研究具有推动作用，对宽禁带半导体材料与器件的发展具有重要意义。

（6）提出构建柔性衬底所需低维材料的选择机制。石墨烯作为通常选择的柔性衬底二维材料，与氮化物同属六方晶系，并且均具有高温稳定性，能够承受氮化物的高温生长条件。同时，石墨烯层间是通过微弱的范德瓦尔斯力结合在一起的，满足柔性衬底需要与异质衬底之间实现"弱键合"的条件。然而，二维材料是一个巨大家族，除了石墨烯之外，其他二维材料能否作为柔性衬底进行氮化物外延，还需要选择合适的机制进行理论探索。团队在理论上对石墨烯、h–BN、MoS_2、g–C_3N和g–C_3N_4等5种满足氮化物外延要求的低维材料进行了成核机制与原子迁移的密度泛函分析，以Al、Ga金属原子在二维材料/支撑衬底构建的柔性衬底上的迁移势垒和吸附能作为判据，深入比较分析了以上几种低维材料在氮化物成核和迁移方面的差别，发现MoS_2和g–C_3N这2种材料能实现比石墨烯更好的范德华外延效果。这一理论研究为构建柔性衬底对低维材料的选择提供了判据，并且在理论上预言了相比石墨烯柔性衬底更优异的MoS_2和g–C_3N等低维材料，为基于柔性衬底技术制备高质量氮化物提供了理论依据。

该仪器实现了用于氮化物生长的柔性衬底制备及其外延的高温气相沉积一体化集成，在国际上属于首创，提升了我国在宽禁带半导体材料与紫外光电子器件等领域的技术创新能力。

仪器的部分关键技术指标如下表所示。

双腔 MOCVD 系统的关键指标

性能指标	计划完成	实际完成
真空传递腔最低压强	10^{-4}Pa	10^{-4}Pa
反应腔室温度	100～1400℃连续可调，温度稳定性 ±1℃，温度非均匀度 ±2℃，升温速率可控范围 0.5～1.5℃/s	50～1400℃连续可调，温度稳定性 ±1℃，温度非均匀度 ±2℃，升温速率可控范围 0.5～1.5℃/s
反应腔室压力	30～1000mbar 连续可调，控制精度为 1mbar	10～1000mbar 连续可调，控制精度为 1mbar
样品台转速	0～1200r/min 可调	0～1200r/min 可调
气体输运系统漏率	低于 1×10^{-9}Pa·L/s	8×10^{-10}Pa·L/s

基于双腔 MOCVD 系统制备的样品的关键指标

性能指标	计划完成	实际完成
AlN 外延层材料位错密度	不高于 1×10^{8}cm^{-2}	9.86×10^{6}cm^{-2}
基于柔性衬底的 AlGaN 材料位错密度	低于 10^{8}cm^{-2}	8×10^{7}cm^{-2}
AlGaN（Al≥40%）生长速率	0.3～3.0μm/h	0.3～3.0μm/h 连续可调
AlGaN（Al≥40%）材料 AFM 测试表面粗糙度	≤0.500nm	0.440nm
2 英寸 AlGaN 单片材料 Al 组分非均匀性	≤3.00%	2.89%
Al 组分高于 0.4 的 p-AlGaN 材料	≥2.0×10^{18}cm^{-3}	4.5×10^{18}cm^{-3}

相关研究成果形成论文多篇，获授权发明专利9项，部分成果获2020年度吉林省自然科学奖一等奖和2021年度吉林省科学技术进步奖一等奖。该仪器的主要应用领域包括二维材料的大尺寸外延及规模化量产、氮化物光电材料外延、基于二维材料的氮化物范德华外延等。仪器可用于制备基于高质量外延的氮化物发光器件、探测器件、激光器件及功率器件，具有广阔的应用前景。

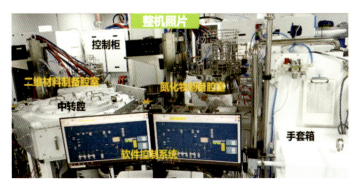

▲ 柔性衬底与氮化物外延一体化集成系统

▲ 反应腔室及其分区加热系统

黎大兵，lidb@ciomp.ac.cn，中国科学院长春光学精密机械与物理研究所

半导体器件氧化层电缺陷演化原位分析系统

氧化层电缺陷是影响半导体器件性能和可靠性退化的共性科学问题，是先进芯片制造技术研发的瓶颈。不同于材料学中关注的层错和位错等结构缺陷，半导体器件内部的电缺陷难以直接观测，一般只能通过电学测试进行分析。随着集成电路技术化的推进，氧化层电缺陷问题日益严重，特别是单缺陷的影响急剧增大，因此急需能对缺陷进行精准探测和分析的科学仪器。然而，现有的氧化层缺陷测试分析仪器，仅能得到大量氧化层缺陷的平均或宏观电学特性，无法得到单缺陷的精确位置，并且不具备缺陷类型的分析能力。

北京大学黄如教授团队基于项目组提出的新原理，利用随机电报噪声（RTN）的实验表征，结合理论计算，进行了半导体器件氧化层电缺陷的分析，研制出具备缺陷位置、类型、演化等分析的新型半导体器件氧化层缺陷测试分析系统。系统具备器件无损测量、实时监测和单缺陷分析等特色。

仪器的主要特点和创新点如下。

（1）基于RTN表征全新技术。完成了RTN测量及缺陷监测两个子系统的设计与试制，两个子系统之间实现了初步的协同验证。

（2）RTN测量子系统。针对系统内外的噪声及干扰，提出了多级噪声隔离系统布局优化方法，攻克了多种类型元件与多种信号模式协同设计等技术，显著降低了仪器的噪底。实测结果表明，电流本底噪声降至0.1pA/sqrt（Hz），RTN电流测量精度优于0.1nA，RTN测量转折频率优于100Hz，测试采样点数达到96万个，以上指标均优于现有商用技术（Agilent B1530A）所能达到的指标，特别是电流测量精度，提升了至少1个量级，解决了纳米尺度器件RTN微弱信号精确测量的难题。

（3）缺陷监测子系统。实现了国际上首个可分析提取复杂RTN信号功能的软件原型，建成了国内首个用于半导体理论计算的图形处理单元（GPU）集群，并在此基础上实现了非晶氧化层缺陷自动化大规模计算和单器件1万原子体系全量子模拟的软件原型，初步建设了国际首个非晶氧化层电缺陷的理论数据库。

RTN测量系统与现有商用仪器Agilent B1530A的性能对比情况如下表所示。

性能对比

对比内容	指标要求	本系统实测结果	B1530A 实测结果
RTN 电流测量精度	0.10nA	0.04nA（可以更小）	～ 1.00nA（根据噪声 RMS 值估算）
RTN 测量转折频率	100Hz	< 20Hz	～ 20Hz
测试采样点数	960k	960k	20k
电流噪底 @10Hz	$1pA/Hz^{\frac{1}{2}}$	$0.055pA/Hz^{\frac{1}{2}}$	$4.7pA/Hz^{\frac{1}{2}}$

续表

对比内容	指标要求	本系统实测结果	B1530A 实测结果
噪声 RMS@2.56kHz	—	3.0pA	74.3pA
噪声峰峰值 @25.6kHz	—	～ 20pA	～ 600pA

该仪器研制成功后，将用于多种半导体新器件的科学研究，揭示氧化层电缺陷的物理性质，指导集成电路工艺的研发，也将进行基于缺陷的新原理器件的探索性研究，从而开拓微纳电子学的前沿基础，推动我国集成电路技术与芯片制造产业的发展。团队应用研制的仪器原型，对先进制造工艺的 FinFET 器件电缺陷进行了初步研究，得到了重要的科学发现。团队基于仪器原型测量 RTN 实验提取到了 FinFET 器件中非晶氧化铪层的电子俘获跃迁能级及对应的弛豫能的统计分布，得到了先进工艺下氧化铪栅介质电缺陷的微观物理性质。团队进一步将实验数据与数据库中非晶氧化层电缺陷的完备物理性质的"基因谱"进行对比分析，发现在非晶氧化铪中，氢间隙类型缺陷很可能是实验上测量到的电子俘获缺陷，而不是传统理论假设的氧空位类型缺陷；并从跃迁能级的角度证实了氢间隙 $-1 \sim 1$ 的跃迁在实验上发生的可行性。因此，团队从缺陷微观性质的角度（跃迁能级、弛豫能和跃迁势垒等），首次发现了非晶氧化铪中的氢间隙类型缺陷是器件偏置温度不稳定（BTI）可靠性的根源，为未来工艺改进和可靠性优化提供了重要的科学依据。相关知识产权与上海概伦电子股份有限公司已做技术入股，合资成立了上海伦刻电子技术有限公司，为所研制仪器原型的未来产业化落地奠定了基础。

相关研究成果形成学术论文多篇，受理发明专利 4 项和技术秘密 2 项。仪器可应用于高校及科研院所的半导体新器件科学研究、集成电路制造企业工艺开发中的可靠性优化及辅助国内企业对相关国产工艺设备进行验证等，具有广阔的应用前景。

▲ RTN 测量系统样机实物

许晓燕，xuxy@pku.edu.cn，北京大学

二维电子材料及纳米量子器件的研究和原位分析仪器

电子器件的尺寸进入10nm后，将达到光刻技术和经典物理的极限。二维电子材料（如石墨烯、拓扑绝缘体等具有理想的电学和力学性能的材料）的发现将带来全新的物理效应，为下一代纳电子器件的研制提供可能。传统的气相生长薄膜制备技术（CVD、MBE），其生长机制为形核生长（形核–岛–成膜），很难用于超薄薄膜（单层或者几层原子）的生长，这使高质量二维材料的生长成为世界难题。

中国科学院微电子研究所夏洋研究员团队提出了全新的面吸附反应的薄膜生长机理，并基于此研发了可变电场调制的原子层沉积与逐层调控的原位分析仪器。利用该仪器，可研究二维电子材料生长过程中的大面积形核、表面形态、缺陷形成等热力学和动力学过程，以及二维电子材料的能带、边界、量子效应、输运特性等科学问题，实现二维电子材料单原子层的逐层生长（可选区）和调控，研制出具有新型功能的高质量二维电子材料与量子电子器件。

该仪器的主要创新点如下。

（1）完成了国际首创的电场调控原子层沉积技术用于二维材料高质量生长。

（2）国际上首次应用高能反射电子衍射（RHEED）原位测量原子层沉积超薄材料的生长状态。

（3）率先成功研制超高真空集成二维材料制备、器件调控和原位检测系统 E-PEALD/SPM/R，包含 E-PEALD、T-ALD、RHEED、SPM原位检测、Raman原位检测、激光选区改性、AFM系统，实现了二维材料的原子级生长与掺杂技术、选择性生长及电子器件制作以及原位表征。

（4）探索了新型纳米材料和新原理纳米器件，提出并制备了超低功耗高性能狄拉克源晶体管。

（5）基于原子层沉积技术的二维材料开发及其器件应用技术，完成了n型MoS_2、p型WS_2材料开发及器件集成技术研究。研究了WS_2薄膜、MoS_2薄膜的电学性能，研究了以其为沟道材料的薄膜晶体管，探索了二维材料的电学运输特性。开展了二维材料基础逻辑电路的研究，进一步探索了二维材料在未来集成电路产业中的可行性应用。

（6）完成石墨烯单晶的低温制备工艺研究，研究石墨烯的纳米修饰，探索三维纳结构的原子组装过程与机理。

（7）探索p型氧化锌材料多步骤生长的多种热力学生长条件，得到了p型氧化锌薄膜生长工艺，获得了高电导率、高热稳定性和高载流子浓度的p型ZnO材料并阐明了掺杂物理机制。

（8）配合仪器工艺研究开展二维材料物理性质及纳米电子器件的理论分析，揭示了多种二维和低维材料的物理性质和新的物理现象，计算了边界、界面、掺杂、吸附、应变等对体系性质的调控，实现了包括半导体、绝缘体、金属等多种类、多功能的高质量、亚10nm尺度的材料体系的制备与调控。

该仪器已在支撑国家重大任务、促进相关产业和研究发展等多个方面发挥了重要作用，具体如下。

（1）完成国家重大科技专项"14～28nm 原子层沉积系统腔室关键技术研究"项目，解决了集成电路关键"卡脖子"技术，为北方华创公司提供 ALD 原理及关键腔室设计研发。

（2）相关关键技术形成 ALD 品牌产品，实现销售 300 余台，支持了多项关键重大科学研究。例如，支撑北方夜视开展中微子探测研究、支持中芯国际进行集成电路失效分析、支撑中国科学院上海技术物理研究所研发红外探测器、支持中国科学院物理研究所进行光学超表面结构研究等，代表用户覆盖高技术企业、著名高校及相关领域的科研院所。

（3）促进碳基芯片研发基地建设，推动碳基电子技术产业化落地。团队推动了北京大学与北京市、军委科学技术委员会签署了三方协议，共建碳基集成电路技术，成立了北京元芯碳基集成电路研究院和北京大学碳基电子学研究中心。现已建成实验室 3000m^2，实验室拥有高级科研和工程人员 30 余人，具有完整的 4 时碳基互补金属氧化物半导体（CMOS）专用研发线的研究平台。

相关成果形成论文多篇，申请发明专利 58 项，获授权发明专利 10 项，部分成果获国家自然科学奖二等奖 1 项、中国科学院教育教学成果奖特等奖 1 项、北京市科学技术奖三等奖 1 项、中国电子学会技术发明奖一等奖 1 项等。

▲ 原位分析仪器

何萌，hemeng@ime.ac.cn，中国科学院微电子研究所

光源与光信号源相关仪器

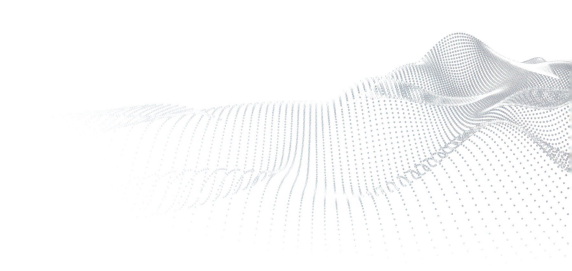

光子集成宽带混沌信号发生器

混沌信号在通信、传感、信息安全等领域有着重要的应用价值。目前，绝大部分混沌源都是靠分立器件搭建而成的，结构复杂且易受环境影响，输出不稳定。特别是，现有实验室搭建的混沌信号发生器产生的混沌信号存在时延信息、功率谱不平坦、带宽窄的问题，限制了混沌信号的应用。

太原理工大学张明江教授团队研制了芯片级、模块级和仪器级的集成混沌半导体激光器，解决了混沌激光存在时延特征的难题，实现了平坦的宽带混沌激光产生，探索了混沌激光在光时域反射、分布式光纤传感等领域的应用。该仪器的成功研制使我国在该领域进入国际领先行列，提升了我国中长期科技发展纲要重点支持的制造业和信息产业的科技核心竞争力，为混沌保密通信、高速随机数生成、激光雷达、光纤网络故障检测和分布式光纤传感等领域提供了核心器件，对推动混沌激光在科学研究、基础应用、工程技术等领域的应用具有重要的意义和价值。

仪器的主要创新点如下。

（1）研制出基于分布布拉格反射（DBR）结构的波长可调谐宽带无时延单片集成混沌半导体激光器，设计了对应的驱动与温度控制系统，获得光子集成宽带混沌信号发生器。

（2）研制出短腔混合集成混沌半导体激光器，建立对应的理论仿真模型，研制光子集成混沌半导体激光源。

（3）提出一种基于随机光栅反馈及互注入的单片集成混沌半导体激光器，利用互注入实现混沌信号的频谱整形和带宽增强，刻有随机光栅的无源光波导提供随机光反馈以抑制时延特征，实现了宽带时延特征抑制的混沌激光输出。

（4）利用两个互注入分布式反馈（DFB）激光器之间的拍频效应增强混沌激光带宽，利用有源光反馈中的高非线性光纤产生的四波混频效应增强混沌激光带宽。

（5）探明混沌激光时延特征产生机理是因为固定的外腔谐振模式导致了混沌激光存在周期性，提出采用受激布里渊后向散射作用消除混沌激光时延特征，提出利用单光注入联合随机散射的方法消除混沌激光时延特征。

（6）提出基于时延特征抑制宽带混沌激光的布里渊分布式光纤传感技术，利用其宽带特性实现毫米量级高空间分辨率测量，利用其时延抑制特性拓展传感距离，打破了传统技术中监测距离与空间分辨率无法兼顾的瓶颈。最终，混沌布里渊分布式光纤传感技术将传感距离拓展至10.2km，空间分辨率最高可达3.4mm。

仪器包括光子集成混沌激光器芯片、温度控制系统、多路电流驱动系统和主控单元等模块。仪器的关键技术指标均经国家光电子信息产品质量监督检验中心检测，部分关键技术指标如下表。

部分关键技术指标

技术指标	技术要求	测试结果
工作波长	1310/1550nm	1558nm
光谱线宽	≤ 50GHz@−3dB	39.98GHz@ −3dB
混沌频谱带宽	≥ 20GHz	26.27GHz（80% 有效带宽）
混沌频谱平坦度	≤ ±1.5dB	±1.5dB @（10.5 ～ 30.8GHz）
输出平均光功率	≥ 1mW	1.17mW
混沌信号峰峰值	≥ 150mV	207mV
混沌信号维度	≥ 3.0	4.3
混沌信号香农熵值	0.5 ～ 0.7	0.8549
混沌信号自相关曲线旁瓣水平	≤ −30dB@1s 时间序列长度	−30.96dB@5ms 时间序列长度
芯片尺寸	12.5mm×0.8mm	1.097mm×0.330mm
模块封装尺寸	30.0mm×12.7mm×9.2mm	28mm×5mm×4mm

团队以具有自主知识产权的光子集成宽带混沌激光源为核心器件，以混沌分布式光纤传感为技术基础，研发了4款新型分布式光纤传感仪，并成功应用于地方重大工程健康监测，实现了特长隧道火灾、高陡边坡局部垮塌、燃气管网泄露等灾害的实时监测与精准预警。

相关研究成果形成论文多篇，获授权代表性发明专利10项，发表软件著作权5项，获2017年度中国专利优秀奖、2019年度山西省技术发明奖一等奖和2021年度山西省自然科学奖二等奖等。由于光子集成宽带混沌信号发生器可产生波长可调谐、宽带、时延特征抑制的混沌激光，因此在长距离高精度分布式光纤传感、大容量保密光通信、抗干扰混沌激光雷达及高速随机数产生等领域具有广阔的应用前景。

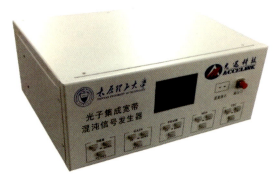

▲ 光子集成宽带混沌信号发生器样机

▲ 光子集成宽带混沌信号发生器主界面

乔丽君，qiaolijun@tyut.edu.cn，太原理工大学

中远红外超连续谱光源

全光纤、高功率、高稳定中远红外超连续激光源在国土安全、工业加工、前沿科学研究等领域具有极其重要的应用价值。近年来，受限于西方国家的技术封锁与禁运，我国在该领域的发展远远落后，且进展十分缓慢。

面向国家重大需求，宁波大学聂秋华教授团队利用其在中远红外材料研制、高性能波导开发、特种玻璃光纤制备、关键光纤器件性能表征等领域的丰厚技术积累与平台支撑，开展了全光纤中远红外超连续激光系统整机研发与关键技术攻关。团队突破了多项核心中红外光子器件制备瓶颈，集成了包括中红外激光高功率放大、特种光纤激光耦合、异质光纤间低损耗熔接、整机光机电一体等核心技术，已实现国际领先水平的中红外超连续激光整机，其光谱可覆盖2～8μm、平均激光功率高达730mW、长时间功率稳定性均方根（RMS）值低于1%，且光束M^2值优于1.45。

该仪器的主要创新点如下。

（1）全光纤激光种子源。采用高稳定商用分布反馈式半导体激光器作为种子源，其中心波长为1.55μm，重复频率为600kHz～1500kHz连续可调，脉宽为1～2ns连续可调，单模光纤尾纤输出，最高平均功率为6W。通过脉冲在单模光纤中的非线性（主要为拉曼频移）效应，可将1.55μm处的激光能量转移至2μm。为提高2μm波长处的激光能量，同时减小1.55μm处的泵浦残余，团队通过优化掺铒单模增益光纤长度，成功实现了自泵浦放大过程，将90%的1.55μm残余泵浦激光吸收，并最终通过放大实现了功率为26W的2.0～2.8μm全光纤高功率SC激光输出。

（2）在ZBLAN光纤中获得2～4μm高功率SC输出。受限于石英光纤的截止波长，需在氟化物光纤中进一步实现光谱扩展。氟化物光纤在中红外2～5μm波段具有较高的光谱透射效率，零色散波长低于2μm，且损伤阈值偏高，适合用作中红外SC激光产生的光纤。石英光纤与氟化物光纤采用熔接的方法进行耦合，但高功率应用对熔接点的损耗与温度均有较高的要求。在8W的激光泵浦下，团队结合高质量的石英与氟化物光纤熔接技术，实现了功率4W以上、光谱覆盖2～4μm的中红外SC激光输出。

（3）采用高精度的对接耦合技术实现ZBLAN光纤与As_2S_3光纤的耦合。深入探索耦合间距、耦合角度等对耦合效率的影响，得出了最佳耦合距离，并对As_2S_3光纤的输出功率进行了优化，在As_2S_3光纤中实现功率为瓦量级、光谱覆盖整个2.0～6.5μm的中红外超连续激光输出。

（4）泵浦As_2S_3光纤实现2～8μm的SC激光输出。通过优化整个放大系统的性能，包括降低预放大种子脉冲的重频，提升单脉冲的峰值功率，更加精确的热管理、更低的熔接点损耗及更高的耦合效率提升，在As_2S_3光纤中实现了光谱的极大展宽，光谱20dB带宽覆盖整个2～8μm。

（5）基于高效挤压技术的新型硫系光纤制备。传统红外硫系玻璃光纤通常采用在玻璃熔化状态下液体成型的双坩埚法进行制备，该方法能获得低损耗的 AsS 和 AsSe 光纤，但是在面对光学性能更好的三元及以上组分的硫系玻璃成纤时，无法解决熔化状态下的异质组分挥发和折射率不均等问题。团队从温度–黏度曲线和压力曲线出发，利用玻璃转化温度附近的软化变形特性，在适当高压下将纤芯玻璃和包层玻璃进行逐层挤压成型，以获得高结构稳定性和低光学缺陷的光纤预制棒。

仪器的核心技术参数如下表所示。

核心技术参数

技术参数	2mm 光源输出	ZBLAN 光纤输出	As₂S₃ 光纤输出
光谱范围	2.0 ～ 2.8mm	2 ～ 4mm	2 ～ 8mm
平均功率	> 20W	> 4W	> 0.6W
功率稳定性（1 小时 RMS）	≤ ±1%	≤ ±1%	≤ ±2%
重复频率	600kHz ～ 1500kHz 可调		
输出方式	单模光纤或空间光输出		

相关成果形成论文多篇，获授权/受理代表性专利20项，获国家部委"源创杯"颠覆性技术创新大赛三等奖1项、宁波市科技创新大赛一等奖1项。该仪器可主要用于大气监测、红外光谱学、生物医疗等领域。此外，该仪器还可用于军事红外对抗，如红外追踪、干扰、搜索靶标导航及光学遥感探测等领域。当前，该仪器及相关光纤和光源模块已广泛应用于国内各大高校、科研院所和科技企业（如国防科技大学、浙江大学、哈尔滨工程大学、北京工业大学、中国电子科技集团公司第五十三所和宁波阳光和谱光电科技有限公司等）。

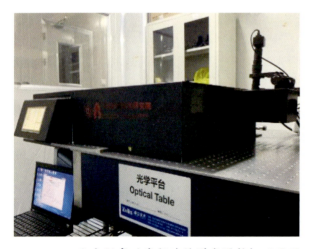 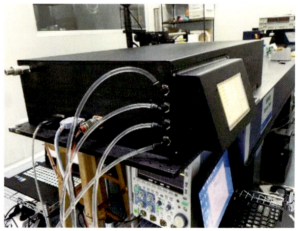

▲2 ～ 8μm 全光纤高功率超连续谱光源整机正面照　▲2 ～ 8μm 全光纤高功率超连续谱光源整机侧面照

聂秋华，nieqiuhua@nbu.edu.cn，宁波大学

基于密集子载波提取和复杂格式解析的光信号逻辑分析仪

随着信息技术的发展，相干光通信系统中信号传输的速率越来越高，信号多维度复用、偏振相位复合承载信息及密集多载波等特性对当前现有的光通信测量设备提出了挑战。如何通过一台设备对复杂载波形态下的矢量光通信信号做测量是当前亟待解决的问题。

针对以上问题，北京邮电大学忻向军教授团队研制了基于密集子载波提取和复杂格式解析的光信号逻辑分析仪。该仪器突破了"电子瓶颈"，采用新型光采样技术，打破了高端芯片"受限"及价格昂贵的限制，实现了对高速光信号的测量分析；实现了 QPSK、8QAM、16QAM、32QAM 四种主流高阶调制格式的自动识别；恢复出了信号的眼图、星座图，通过误差矢量幅度、IQ增益不均衡、XY不均衡等性能，实现了对多维复杂信号的性能分析；实现了对高速光信号的偏振和相位检测，能够实时显示偏振及相位状态。仪器对高速信号智能分析设备发展具有重要推动作用。

仪器的主要创新点如下。

（1）研究了高速光信号的光谱特征、复杂格式、偏振特性等参数测量机理；攻克了密集子载波提取和复杂格式解析等多项关键技术，包括基于受激布里渊选频放大的高精度光谱测量技术、线性全光采样信号提取及接收技术、基于复合邦加球的正交多波片联合测量方案等；研制出了光信号逻辑分析仪样机，可对高速光信号进行实时测量。

（2）针对快速、有效子载波信号的提取和测量方法，提出了基于受激布里渊选频放大的高精度光谱测量技术。通过对单色镜光谱特性和测量光路的优化设计及快速波长扫描技术，执行了密集子载波光谱的提取和精确测量，并获得每个子载波的中心波长、峰值功率和光信噪比。

（3）为克服光电转换过程、电子器件和电路所产生的带宽瓶颈问题，提出了线性全光采样信号提取及接收技术，以取代传统的电信号处理技术；突破了电子瓶颈对高速信号测量的限制，降低了器件带宽需求和系统成本。通过新型复杂格式识别技术对信号进行动态识别，实现了对多阶复杂调制格式信号星座图、眼图、星座误差、正交偏离度及其他参数解析。

（4）在基于多通道实时偏振相位联合捕捉模块的研制中，如何对光信号的偏振状态进行快速、精确测量是亟须解决的关键问题。提出了基于复合邦加球的正交多波片联合测量方案，采用新型多通道式并行采样方法，降低了偏振信号采样的时延。通过自适应卡尔曼滤波算法，实现了高速光信号的偏振相位联合高精度测量。

（5）自主研制高速飞秒锁模脉冲激光器，激光器实现了被动混合锁模和重复频率范围可调，可调范围为95MHz ～ 105MHz，时域宽度小于2ps。

仪器主要包含密集子载波提取分析测量、复杂格式提取识别解析、偏振相位联合捕捉三个模块。仪器的具体技术指标如下表所示。

具体技术指标

技术指标	预期指标	实现指标
波长精度	1.0pm	0.8pm
灵敏度	−25dBm	−28dBm
功率精度	±0.30dB	±0.09dB
最大输入功率	10.0dBm	13.9dBm
监测到的最大比特率	500Gb/s	500Gb/s
支持调制格式自动识别	—	QPSK/8QAM/16QAM/32QAM
时间分辨率	亚皮秒	0.14ps
偏振度测量精度	±0.200%	0.182%
相位偏离度测量精度	±0.0500°	0.0403°
测量时间	<20.00ms	17.54ms

相关成果形成论文多篇，获授权代表性发明专利10项，获得2019年度国家科学技术进步奖二等奖、2021年度江苏省科学技术奖一等奖、2018年度电子学会科学技术进步奖一等奖。此外，团队还获批"基础科研条件与重大科学仪器设备研发"重点专项1项。

该仪器在Tbps级高速光通信平台上进行了应用，对不同波特率、调制格式高速光信号进行了实时测量分析，实现了光信号的多逻辑参数统一精准监测，为产业化应用奠定了基础。此外，基于密集子载波提取和复杂格式解析的光信号逻辑分析仪可以对复杂载波形态下的矢量光通信信号进行测量，如利用光信号逻辑分析仪的密集子载波提取分析测量模块，可进行密集子载波光谱的提取和精确测量，以获得每个子载波的中心波长、峰值功率和光信噪比；利用光信号逻辑分析仪的复杂格式提取识别解析模块，可获得多阶复杂调制格式信号的星座图、眼图、星座误差、正交偏离度及其他参数解析；利用光信号逻辑分析仪的偏振相位联合捕捉模块，可进行高速光信号的偏振相位联合高精度测量。

未来通信需要快速、高效地处理来自语音、图像、视频等各种信息源的信息，高速、大容量传输是未来通信对其承载网络的要求。光纤通信承载了通信网络的主要通信场景，在未来通信中也将发挥重要作用。对高速光信号的测量分析是对光纤通信网络监测的重要手段。超高速光信号测试设备在光通信器件、光传输系统、光交换网络、宽带以太网及物联网光传感等领域具有十分广阔的应用前景。

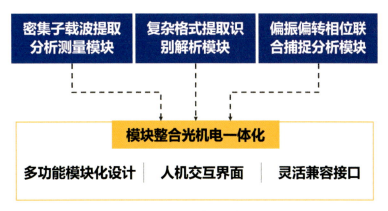

▲ 光信号逻辑分析仪样机框架

▲ 光信号逻辑分析仪样机实物

田清华，tianqh@bupt.edu.cn，北京邮电大学

基于回音壁模式光学微腔的信息物理基础实验平台

随着微纳技术的迅速发展，基于微纳光学器件的信息处理技术受到了越来越多的关注。微纳光学器件不仅可以作为传统的光学元件实现信号放大、窄带滤波等功能，还能用于量子信息处理。基于回音壁微腔的信息物理基础实验平台充分发挥了回音壁微腔品质因子高、模式体积小的优点，极大增强了光与物质的相互作用，可用于高灵敏度传感、机械振子基态冷却和量子态操控。平台通过与氮空穴（nitrogen vacancy，NV）色心耦合，增加了其发射荧光的收集效率，实现了高品质量子光源。

清华大学龙桂鲁教授团队构建了基于回音壁模式光学微腔的信息物理基础实验平台，首次通过实验实现了光学模式的奇异面探测，并观测到了探测灵敏度的增强和模式劈裂的抑制现象。团队在楔形腔中验证了光学微腔和光纤锥模式匹配以及光学萨格纳克（Sagnac）效应等，实现了基于回音壁模式光学微腔的角速度测量，为未来研制微腔陀螺仪提供了实验基础。团队使用平均哈密顿量设计方法，对金刚石色心的控制脉冲进行优化设计，同时实现了两比特相干控制和电子自旋相干性的保护，并进行了量子算法演示实验。团队改进了金刚石色心静磁场探测方法，将金刚石色心探测器的退相位时间提升了4倍。

实验平台的主要创新点如下。

（1）发展了回音壁模式光学微腔和金刚石NV色心的加工工艺，实现了对腔模的精细调控。提出了制备超高品质因子微芯环腔的新方法，通过调整工艺参量，降低了HF/HNO$_3$湿法刻蚀中的各向异性，使其代替先前工艺中的XeF$_2$或者反应离子干法刻蚀，用于超高品质因子微芯环腔的制备，获得了品质因子超过10^{8}的回音壁模式光学微腔样品；通过机械压缩微腔的方法，实现了对回音壁模式微腔光学模式和力学模式的精细调控，其中光学模式调控精度达到7pm（650kHz@1450nm波段），力学模式调控精度达到0.2kHz（力学模式线宽的4%）。设计了NV色心块材的加工方案、定位方法，通过离子束刻蚀加工透镜，将NV色心收集光子数提升到30万光子/秒；通过在样品表面加工天线，将微波驱动的拉比（Rabi）频率提升至50MHz。

（2）实现了NV色心与微腔的耦合，观测到了模式劈裂，实现了高质量的量子光源。搭建了金刚石色心探测及控制平台，平台可以实现单量子金刚石NV色心共聚焦扫描，扫描精度达到微米量级；可对NV色心及其周围2～3个核自旋进行相干控制；通过对金刚石色心探测及控制平台进行改装，实现对微腔–色心耦合系统的共聚焦扫描，用于耦合系统研究；以光纤锥耦合的方式实现了回音壁模式的激发，同时实现了光学微腔与NV色心的耦合，观测到了模式劈裂，且微腔光学模式劈裂间距远大于模式线宽。搭建荧光二阶关联测试系统，调整时间关联计数器积分时间和时间延迟，得到时间关联曲线并做归一化处理，实验得到$g_2(0) \approx 0.1$，满足$g_2(0) < 0.5$的要求，证明了光源的单量子性。

（3）探究光力系统的声子冷却机制，提出了多种冷却方案。提出了利用交叉科尔效应在光力体系中实现简并力学模式基态冷却的方案，将平均声子数降低到 1 以下，可以有效操纵暗态效应和宏观系统中的量子态；为布里渊散射光机械系统提出了一种补偿性冷却机制。该系统具有奇异点，不仅可以主动操纵光学模式的耦合强度，还可以操纵布里渊声子的耦合强度，该研究结果为操纵多模系统中的光机械相互作用提供了工具，并为量子态转移和以声子冷却为基础的量子协议提供了可能性。

基于该平台，团队开展了如下多项创新研究。

（1）提出了制备超高品质因子微芯环腔的新方法。团队在实验上实现了一种新的用来制备超高品质微芯环腔的方法，该方法使用 HF/HNO$_3$ 湿法刻蚀替代了 XeF$_2$ 或者反应离子干法刻蚀，可用于超高品质因子微芯环腔的制备。该方法具有成本低、易维护、省时间的优点。实验结果表明，该方法制备的微腔品质因子可在1550nm波段达到10^8，且在室温下对温度和湿度的鲁棒性好。

（2）实现了回音壁模式微腔光学模式共振波长的高精度任意函数调节，调控精度达到7pm（650kHz@1450nm）波段。通过机械挤压的方式实现了回音壁微腔光学模式的高精度任意函数调节，其分辨率最高约为650kHz（7pm@1450nm波段）。共振频率的任意函数的调控能力在回音壁模式光学微腔与NV色心的耦合、光学非互易等实验中具有重要的应用前景。

（3）提出并实现了一种高精度、低损耗、可重构的微球腔机械模式调谐方案，力学模式调控精度达到0.2kHz（力学模式线宽的4%）。利用抑制和释放方法实现了高分辨率、低损耗、可重构、任意函数的力学频率调谐，且几乎不引入额外的损耗。该方案在机械调谐方面有着很大的参考价值，在一定程度上解决了应用中普遍要求的模式匹配问题，从而为腔光力系统更为广泛的应用奠定了基础。

（4）首次通过实验实现了光学模式的奇异面，并观测到探测灵敏度的增强和模式劈裂的抑制现象。在回音壁微腔–波导耦合系统中通过实验实现了一个基于奇异面的传感器。奇异面的实现使得传感灵敏度在不需要进一步优化参数的前提下提高了2倍。

（5）在楔形腔中验证了光学微腔和光纤锥模式匹配以及光学Sagnac效应，实现了基于回音壁模式光学微腔的角速度测量。在毫米级大尺寸楔形微腔中通过实验验证了光纤锥和光学微腔之间的模式匹配。在实验上运用双向泵浦双向输出提取拍频大小的方式建立Sagnac频移和旋转角速度之间的一一对应关系，演示了光学Sagnac效应。实验结果表明，在回音壁模式光学微腔体系中研制陀螺仪具有可行性，这为将来研制微腔陀螺仪提供了实验基础。

相关成果形成代表性论文多篇，获受理代表性发明专利8项。研制的基于回音壁模式光学微腔的信息物理基础实验平台，充分发挥了回音壁微腔品质因子高、模式体积小的优点，极大地增强了光与物质的相互作用，推动了回音壁模式光学微腔在非线性光学、腔光力学、光学器件、高灵敏度传感和量子信息处理等领域的应用。

▲ WGM 微腔－NV 色心耦合控制平台

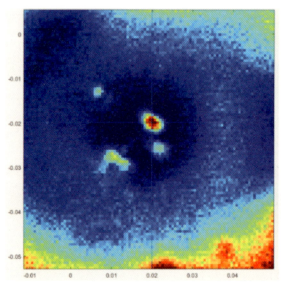

▲ NV 色心共聚焦扫描图

▲ 回音壁模式光学微腔扫描
电子显微镜（SEM）图

龙桂鲁，gllong@tsinghua.edu.cn，清华大学

光子毫米波噪声发生器

噪声源（或噪声发生器）是电子器件噪声系数测量的必要信号源。电子噪声源受带宽的制约，很难产生平坦的毫米波噪声，目前仅有美、俄、法三国能研制出毫米波噪声源。《瓦森纳协议》《国际武器贸易条例》均限制了其他国家向我国出口毫米波段噪声源。随着毫米波器件的应用越来越广泛，我国亟须研制具有自主知识产权的毫米波噪声发生器。

广东工业大学王云才教授团队采用光子混频技术，研制出混沌光子熵源和宽带光电探测器（UTC-PD），研制出F波段（90GHz～140GHz）、G波段（140GHz～220GHz）、H波段（220GHz～325GHz）三类高超噪比的毫米波噪声发生器，将我国噪声源的最高频率从110GHz提高到了325GHz。该研究可为我国自主研制毫米波及太赫兹器件的噪声系数测试提供亟须的信号源，为90GHz～325GHz的高频器件的设计及性能优化提供依据。

仪器的主要创新点如下。

（1）建立了多束非相干光混频的理论模式，详细分析了光谱线型、线宽、中心波长及数量对混频信号频率及平坦度的影响。

（2）针对UTC-PD带宽与饱和功率存在的矛盾，提出利用崖层掺杂调控内建电场的方法，将电场诱导至电子速度过冲区从而降低电场屏蔽效应，解决了高频时器件饱和功率下降的难题，并将我国自主研发的UTC-PD带宽提升到190GHz。

（3）针对110GHz以上噪声源，提出多束非相干光混频产生毫米波的新技术，在实验上产生了多个频段覆盖90GHz～390GHz的大超噪比平坦毫米波噪声，将我国噪声源的最高频率提升了2.5倍。

（4）研制出F波段（90GHz～140GHz）和H波段（220GHz～325GHz）的两种噪声发生器样机。其中F波段的噪声发生器超噪比为35dB，超噪比平坦度为±2.3dB；H波段超噪比为45dB，超噪比平坦度为±3.6dB，已达到国际先进水平。

仪器的部分关键技术指标如下表所示。

部分关键技术指标

技术指标		波段		
		90GHz～140GHz	140GHz～220GHz	220GHz～325GHz
超噪比	项目要求	20dB	20dB	20dB
	实际达到	35dB	29dB	45dB
平坦度	项目要求	≤±6dB	≤±6dB	≤±6dB
	实际达到	±2.3dB	±5.7dB	±3.6dB

　　该仪器已对我国电子科技集团公司研制的220GHz～325GHz混频器、320GHz低噪声放大器的噪声系数进行了测试和性能表征，并可为自主研发的毫米波器件（如低相噪放大器、毫米波混频器等）提供噪声系数测试、表征器件性能、反馈器件设计。

　　相关成果已形成论文多篇，受理或获授权发明专利5项。

　　该仪器可产生90GHz～325GHz的大超噪比噪声，可为此频段的毫米波、太赫兹器件的噪声系数测量提供亟须的信号源。光子集成毫米波噪声源芯片及太赫兹噪声芯片的研究，有望研制出低功耗、集成的毫米波及太赫兹噪声源，以满足星载毫米波辐射计和静止轨道辐射计标定的需要。

▲ F 波段（90GHz～140GHz）毫米波噪声发生器样机实物

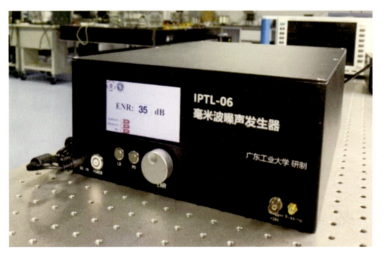

▲ H 波段（220GHz～325GHz）毫米波噪声发生器样机实物

王云才，wangyc@gdut.edu.cn，广东工业大学

基于双波长微腔激光器和非线性光纤的可调谐光频梳系统

光频梳在时间域上为具有固定重复频率的脉冲光，在频率域上为具有等频率间隔的频率梳。光频梳具有极高的频率稳定性，可以作为频率标尺，是很多精密测量（如精密光谱分析、光频率绝对测量、高精度绝对距离测量等）中的关键仪器。传统的飞秒光频梳一般重复频率在1GHz以下，而10GHz以上高重复频率光频梳在天文学、光通信和任意波形产生等领域有着重要应用价值，是近年来的研究热点。微腔非线性光学克尔效应的光频梳可以实现较高的重复频率，但频率调谐范围较小。

中国科学院半导体研究所黄永箴研究员团队基于前期在半导体微腔激光器和非线性光纤领域的研究基础，利用双波长微腔激光器作为种子源，结合高非线性光纤的频谱展宽技术，研制出高重复频率可调的光频梳系统。

仪器的主要创新点如下。

（1）探究了可调谐双模半导体激光器的产生机制。在半导体激光器中，激射模式的选择与模式的空间场分布、品质因子及频率等诸多因素相关，同时也依赖于载流子的空间分布。通常的半导体激光器横模间隔和模式数目无法独立调控，难以实现模式频率间隔10GHz ～ 50GHz的稳定双横模激射。团队深入分析了半导体微腔中回音壁模式的特性，根据正方形谐振腔的模场分布图，分别提出了具有环形注入窗口和中心及四个角区注入窗口的正方形微腔激光器，实现了双模间隔10GHz ～ 50GHz大范围调谐，探明了载流子色散以及热效应对不同模式折射率的影响。

（2）研究了高非线性光纤中非线性光学效应的控制与管理，系统研究了光纤色散、非线性系数、长度、损耗等对光频梳的梳齿数目、光谱宽度、平坦度、信噪比、稳定度等的影响。结合种子源脉冲在高非线性光纤中传输时的非线性动力学过程，分析确定了优化的非线性光学效应控制与管理方法。提出了两种高重频倍频程光频梳产生系统：第一种利用直调半导体微腔激光器产生种子脉冲源，通过脉冲压窄与色散管理，实现了900 ～ 2400nm的高相干光频梳，重复频率为10GHz；第二种利用布里渊非线性光纤环路产生高重频孤子光频梳，结合光纤光栅进行光谱整形实现脉冲压窄，通过优化光放大和色散补偿提高脉冲能量，成功实现了1100 ～ 2200nm的倍频程光频梳。基于此方案，团队使用不同模式间隔的激光器产生了重频29GHz ～ 65GHz的倍频程光频梳。

（3）研制了自振荡参量平坦光频梳产生系统。在自注入光电反馈回路中，双模微腔激光器作为激光光源及微波光子滤波器，使振荡频率不受电滤波器带宽的限制，产生了重复频率为28.8GHz的10根梳齿。团队利用色散补偿和非线性光谱展宽技术最终实现了5dB平坦度内的具有43根梳齿的平坦光频梳。

（4）探究了基于外部光反馈的直接调制微腔激光器产生窄线宽光频梳。团队通过建立速率方程，验证了窄线宽光频梳在适当的反馈条件下可以提高线宽特性，且不受光反馈强度及相位的微小变化影响。团队利用双环路反馈结构抑制环路模式，在实验中实现了边模抑制比为31dB、梳齿数目为15根的光频梳；利用延时自外差法测得每根梳线的线宽约为7kHz，与自由运行状态下的微腔激光器相比被压缩了约2000倍。

该仪器包括双模可调谐微腔激光器、四波混频效应增强的非线性光纤环路、优化光谱展宽的脉冲压窄与整形模块几部分。仪器关键指标有重复频率调谐范围为10GHz～52GHz；最大光谱范围为1100～2200nm，达到了倍频程；准确度和稳定度与参考频率源相当。

相关成果形成论文多篇，获受理或授权代表性发明专利5项。

该仪器的主要应用领域如下。

（1）精密计量领域。光频梳在时间域上为具有固定重复频率的脉冲光，在频率域上为具有等频率间隔的频率梳，在光子学研究和精密测量中具有广泛应用。光频梳具有极高的频率稳定性，可以作为频率标尺，是很多精密测量（如精密光谱分析、光频率绝对测量、天文类地行星探测、高精度绝对距离测量等）中的关键仪器。光频梳对光波频率的绝对测量使得比原子微波钟更精确的光钟成为可能，推动了基于锶和钙等原子光钟技术的发展，并将改变对时间基准的定义。研制的重复频率可调谐的倍频程光频梳，可结合反馈控制模块，应用于频率测量。

（2）大容量光纤通信领域。如今，海量的互联网流量传输主要依赖于波分复用的光纤通信网络，商用波分复用系统主要采用半导体集成可调谐激光阵列，以实现在C+L波段上的波长可调。虽然可调谐激光阵列模块已经很好地支持了目前的波分复用网络，但它无法满足下一代波分复用系统日益增长的需求。团队研制的高重频光频梳光谱范围覆盖了光通信C+L波段，输出稳定的光学频率可直接用于密集波分复用光通信系统。

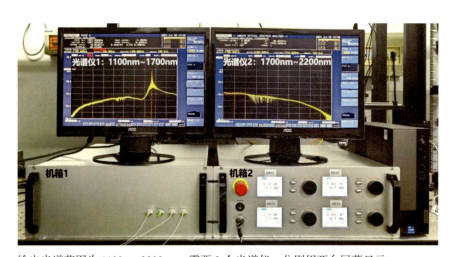

输出光谱范围为1100～2200nm，需要2个光谱仪，分别用两台屏幕显示。
机箱1：内部集成非线性光纤环路、光谱整形及非线性光谱展宽装置。
机箱2：内部集成高功率掺铒光纤放大器。

▲ 高重复频率倍频程光频梳系统样机

肖金龙，jlxiao@semi.ac.cn，中国科学院半导体研究所

成像与显示

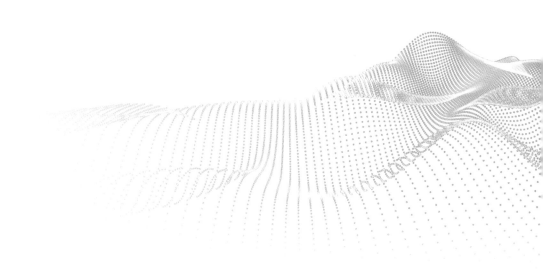

极高密度二维折叠光谱成像仪

光谱分析仪在科研和产业等领域具有重要研究意义和应用价值，被认为是光学仪器中的"中央处理器"，属于核心和基础光学装置。通过高分辨获取物质的丰富"指纹"——光谱信息，不仅能使我们深刻认识自然现象和规律，还能在信息、材料、生物、医学、国防等众多领域得到重要应用。

复旦大学陈良尧教授团队研制了极高密度二维折叠光谱成像仪，突破了传统串联光谱获取模式的局限性。团队基于新型并联分析模式，采用极高密度多光栅集成的二维折叠光谱的分析原理和方法，将 n 个具有一级高衍射效率的子光栅光谱区聚焦成像在高灵敏度的电荷耦合器件（charge coupled device，CCD）、互补金属氧化物半导体（complementary metal oxide semiconductor，CMOS）等二维探测器焦平面内，实现了全光谱区均匀衍射效率分布的无缝波长连接。该仪器无任何机械位移部件，在一台光谱仪中即可实现无缝波长连接的宽光谱工作区、极高分辨率、快速测量时间这三项关键功能指标，显示出了重要技术优势和广阔的应用前景。

在高性能光谱分析仪器中，经典离轴光路设计导致的彗差（扫帚星）效应严重降低了光谱分析系统的性能，属百年未解难题之一。团队在衍射平面内首次采用了入射和衍射双光路离轴角均为零（$\alpha=\beta=0$）的44块高密度光栅二维硬件集成结构，从全光谱分析的源头彻底根除了彗差效应（$\Delta H=0$），有效解决了百年未克服的与全光谱非色散相关的彗差难题，极大地提高了光谱分析的灵敏度、分辨率和效率等核心指标。团队解决了从光学原理、设计创新到数字工程实现的一系列难题，在 $200\sim1000\mathrm{nm}$ 波长区，仪器最高分辨率优于5pm/像素，有16bit动态数据范围，全谱检测时间缩短了 $2\sim3$ 数量级，有效光谱探测区长度创纪录扩展了44倍，达1216mm，全谱单次检测大于9万个光谱数据点，综合指标达到国际领先水平。研究成果获得了重要推广与应用，在国际上被评价为"最好的光栅光谱仪"，使我国成为国际上少数有能力研制和工程实现高端光谱分析仪器的国家，显著增强了我国的国际核心科技竞争力，具有十分重要的意义。

仪器的主要特点和创新点如下。

通过新型光学结构的硬件原创设计，在光谱衍射平面内，让入射和衍射光路的离轴角均为零，从而在发生彗差效应及其机理的源头彻底摒弃百余年来烦琐的消彗差分析原理和方法，使之与光学材料和器件的色散特性无关，从根本上消除产生彗差的物理机制。这是重要的原创研究，其原理和方法能被有效拓展、应用到更广泛的光谱分析领域，具有重要的科学价值和意义。

团队研制的光谱成像仪实现的关键技术指标如下。

（1）光谱检测模式为并行模式（二维密集光栅集成光谱分析）。

（2）焦距 $f=750\mathrm{mm}$。

（3）光栅集成数为44块。

（4）光电探测器为 2048×2048_BSI_CCD 二维阵列探测器。

（5）探测器尺寸为 27.65mm×27.65mm。

（6）光谱工作区为 200～1000nm。

（7）分辨率优于 5pm/像素。

（8）全谱测量时间小于 10ms。

（9）误差效应为全波长区零彗差效应。

（10）有效光谱探测物理长度为 1216mm。

（11）全光谱区数据点大于 9 万个。

（12）研制工艺中无任何机械位移部件，通过全数字化设计加工。

相关研究成果形成论文多篇，申请和获授权发明专利多项。该仪器利用光子作为信息载体的特征，研究光与物质的相互作用，高分辨获取丰富的光谱信息，不仅能够深刻认识和揭示物质的微观结构与光电粒子的运动规律，还能在材料、信息、生物、医学、环境、能源、航空遥感和国防等领域得到重要应用，显著促进新型光谱分析原理的研究和发展，促使我国成为国际上少数有能力研制高端光谱分析仪器和设备的国家，增强国际核心技术竞争力。

▲ 研制的光谱仪样机

▲ 研制的 500mm 焦距 7 光栅集成 BSI-CCD 光谱仪样机

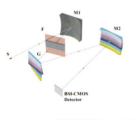

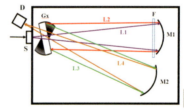

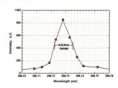

▲ 研制的 500mm 焦距 19 光栅集成
BSI-CMOS 光谱仪样机

▲ 研制的 750mm 焦距 44 光栅集成 BSI-CCD
光谱仪样机实物及实测光谱精细结构

陈良尧，lychen@fudan.ac.cn，复旦大学

并行纳米光场调控荧光辐射微分三维超分辨成像系统

人类健康是现代社会需要重点关注的因素，如何从分子层面认识、理解生命机理，进而获得疾病的诊治是生物医学研究中的关键环节。突破远场衍射极限的光学纳米分辨技术作为其中的一种重要医学研究手段，已成为当今研究的热点。然而，目前的光学超分辨显微技术仍难以在活体细胞实现长时程、实时、三维纳米尺度分辨，"囊泡运输"过程追踪等重大难题至今还无法被很好解决。

浙江大学刘旭教授团队在前期发展的荧光辐射微分显微术的基础上，提出了新型宽场并行调控荧光辐射微分层析显微术，采用表面波调控、自适应光场补偿方法及新型纳米荧光增强器件等手段，研制出了具有自主知识产权的并行纳米光场调控荧光辐射微分三维超分辨成像系统，并成功应用于生物医学研究中。该仪器能在厚样品中实现多色、三维、长时间、实时纳米分辨，不仅可以解决生物医学研究中的重大难题，还能为纳米制造等其他基础研究领域提供一种通用的观测手段。

仪器的主要特点和技术创新点如下。

（1）理论研究方面，基于倏逝波照明光场分布理论，系统研究了较薄细胞环境下的成像参数及环境，构建了前向物理模型。同时，将频率调制技术、偏振调制技术和随机荧光定位技术引入成像过程，实现了表面波照明下细胞膜附近结构的三维分辨率提升。为了观察厚样品结构，进一步研究了三维频率调制和荧光辐射微分显微理论，实现了全细胞观测。

（2）技术突破方面，提出并实现了基于纯介质结构（介质多层膜载玻片）的无衍射布洛赫表面波，该表面波显微镜具有低背景噪声、高分辨率等特性。将易于合成与操控的银纳米线作为远-近场耦合器件，即介质多层膜表面上的银纳米线；提出了一种基于表面等离激元耦合波导的表面结构与体结构同时成像技术，并且还研制了一种偏振响应可控的发光聚合物微光纤，该光纤器件可有效实现偏振成像，提高成像深度。

（3）研制了一套并行纳米光场调控的荧光辐射微分多功能三维超分辨成像系统，基于LabVIEW、MATLAB和Python平台开发了相应的硬件控制及成像数据处理软件，实现了硬件的精确同步控制和快速数据处理。该成像数据处理软件可以根据需要，灵活地切换成像模式并设置合适的参数。将软件推广到实际应用中，实现了对多种生物样品的超分辨成像，包括分析细胞微管、线粒体、内质网和细胞膜等动态的超分辨形貌变化。

该仪器的关键技术指标均经国家光学仪器质量监督检验中心检测，部分关键技术指标如下表所示。

部分关键技术指标

应用需求	样品表面附近结构（深度小于 1μm）		样品深处结构（深度位于 1～10μm）	
	计划完成	实际完成	计划完成	实际完成
成像模式	宽场 TIRF-FED 成像	TIRF-FED TIRF-SIM MA-TIRF-SIM/PM	三维 FED 成像	三维 FED 饱和 FED 饱和焦斑调制
横向分辨率 /nm	＜ 100	96	＜ 100	51
纵向分辨率 /nm	10～15	13	＜ 250	244
成像速度 /fps	＞ 5	5.3	＞ 5	5.076
多色成像 / nm	405/488/561	405/488/561/640	405/488/561	405/488/561

注：场致发射显示（field emission display，FED）；全内反射荧光（total internal reflection fluorescence，TIRF）；结构光照明显微镜（structured illumination microscopy，SIM）；多角度（multi-angle，MA）；偏振复用（polarization modulation，PM）。

该仪器在超高分辨显微成像系统领域有重要应用。团队通过专利技术许可方式实施成果转化，与国内大型光学显微镜企业——宁波永新光学股份有限公司以及杭州柏纳光电有限公司合作，推进高端显微物镜与模块产业化，高端显微镜产品与部件销售6个国家和地区，应用于北京大学、中国人民解放军总医院等146家单位。

相关研究成果形成论文多篇，获授权发明专利8项，获2019年度国家技术发明奖二等奖。团队对相关成果进行产业化，有望发展出一套可进行快速多色大视场三维超高分辨成像的，具有完全自主知识产权的全新超高分辨显微成像系统，该系统有能力替代国外进口产品，为我国的生命科学发展抢得先机。

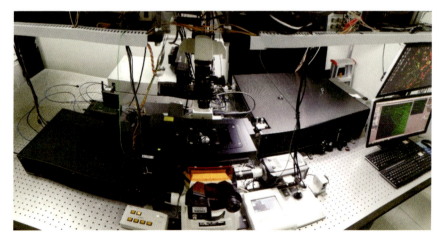

▲ 并行纳米光场调控荧光辐射微分三维超分辨成像系统样机

廖旺娣，wdliao@zju.edu.cn，浙江大学

新型表面增强拉曼纳米分辨光学显微成像系统

目前，针对分子水平信息获取提供技术支持的新一代光学传感与成像技术已经成为光学发展的重要方向之一。常规光学显微术由于衍射极限的限制，无法满足纳米尺度观测的需求。光学纳米超分辨技术已成为当今世界各国重点布局和优先发展的前沿技术。该技术的竞争不仅有助于在单分子水平上理解生命的发展规律，为相关学科开辟若干新分支和方向，还直接关乎我国未来在生物技术、纳米技术等科技领域的话语权和主动性。

深圳大学袁小聪教授团队研制了一种基于聚焦表面等离激元（surface plasmon polariton，SPP）场与金属纳米结构耦合作用的新型表面增强拉曼纳米分辨光学显微成像系统，探索了其在光场超精细结构测量及生物活体细胞内实现具有超高灵敏度分子识别能力的拉曼光谱纳米成像领域的应用。

该仪器的主要特点和创新点如下。

（1）研究了局域矢量光场与金属纳米结构形成的"Gap Mode"电场增强机制，奠定了单分子水平无标签和高灵敏度样品检测的物理基础；基于"Gap Mode"电场增强机制，实现了光场参量的定量分析，揭示了存在于矢量光场内的超精细结构。

（2）研究了颗粒附近电场增强效应对表面拉曼光谱信号探测的影响，开展了针对单分子水平样品的表征和定性研究，构建了具有高拉曼信号增强、纳米分辨率、成像定位灵活可控的新型表面增强拉曼光谱显微镜系统，实现了分子的超分辨成像与物性、含量等多参量表征分析，并开展了该仪器在不同场景和领域的应用研究。

（3）以聚焦表面等离激元场与金属纳米颗粒的耦合作用为物理基础，通过合理设置共振结构的各项参数，获得极大增强的拉曼散射光谱。这不仅可以实现针对生物结构与分子的纳米级分辨的显微成像，还可以对复杂光场的光场强度、偏振、自旋等实现多维信息表征。其中，在点扫描成像方面实现了优于13.5nm的空间分辨率，在表面等离激元结构光宽场照明成像方面可同时实现高于50μm×50μm的视场及优于75nm的空间分辨率，单幅图像的成像时间为1.8s。

（4）该显微成像系统不仅可以实现针对纳米尺寸结构及生物分子的高精度成像，还在研究特殊矢量光场中的精细结构方面具有独到优势。在光场多维度、高精度、高对比度成像的基础上，结合矢量光场的特殊自旋性质，首次在实验上验证了基于光场自旋–轨道耦合的光学斯格明子的存在，这对进一步研究光场的物理本质及更深层次的应用有巨大的推动作用。

仪器的部分关键指标如下表所示。

部分关键指标

关键指标	技术参数
光谱范围	$50 \sim 4000\text{cm}^{-1}$@785nm
光谱分辨率	$\leq 0.4\text{cm}^{-1}$
信噪比	纯水测定，积分时间为100ms，RMS=980：1
成像分辨率	13.5nm
成像范围	$50\mu m \times 50\mu m$
成像速度	1.8s

该仪器在光场超精细结构测量领域及生物活体细胞内实现具有超高灵敏度分子识别能力的拉曼光谱纳米成像领域均有重要应用。

（1）光场超精细结构扫描成像。纳米光子学、表面等离子体光子学等近场光学领域中存在非常强的自旋轨道相互作用，使得光具有许多新奇的特性。团队基于该仪器，在光场多维度、高精度、高对比度成像的基础上，结合矢量光场的特殊自旋性质，在实验上验证了基于光场自旋–轨道耦合的光学斯格明子的存在，这对进一步研究光场的物理本质以及更深层次的应用有巨大的推动作用。

（2）生物结构与样品分子的超分辨成像。团队基于表面等离激元场与金属纳米颗粒的耦合作用，获得了极大增强的拉曼散射光谱，实现了针对生物结构与其他样品分子的纳米级分辨显微成像。团队在点扫描成像方面实现了优于13.5nm的空间分辨率，在表面等离激元结构光宽场照明（SPP–SIM）成像方面实现了可同时高于$50\mu m \times 50\mu m$的视场及优于75nm的空间分辨率。

相关研究成果形成论文多篇，申请和获授权发明专利11项，获2018年教育部高等学校优秀成果奖自然科学二等奖、2018年中国专利优秀奖、2019年中国光学十大进展。该仪器在成像参量选择、成像质量、成像速度等方面均有优势，既可对样品实现分子水平的探测，又可对复杂光场实现多维信息表征。该仪器的成功研制对推进生命医学及纳米科学发展，提升我国大型精密生物观测科学仪器的研究和应用水平具有重大战略意义。

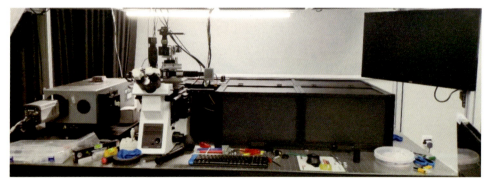

◀ 新型表面增强拉曼纳米分辨光学显微镜系统样机

张聿全，yqzhang@szu.edu.cn，深圳大学

定量 FRET 显微成像仪

荧光共振能量转移（fluorescence resonance energy transfer，FRET）显微术是揭示活细胞内瞬时或微弱分子动态过程及其功能的关键技术。

华南师范大学陈同生教授团队研制了适合于活细胞实时定量FRET检测分析的定量FRET宽场显微成像仪（FRET-MI）。该仪器不仅可以实现多种模式下的定量FRET检测，还可以实现活细胞中FRET效率及供体受体浓度比的实时、定量检测。FRET-MI的整体硬件结构设计、定量FRET检测及其分析软件全部自主研发，而且研制的独立激发控制模块和信号探测模块可直接用于将常规宽场荧光显微镜升级为FRET-MI系统。团队与国内多个高水平研究小组联合利用FRET-MI在活细胞中实时检测微弱和瞬时动态分子的相互作用，揭示细胞死亡和分化过程中的精确时空分子调控机制，并优化FRET-MI的性能，将其推广与应用。

仪器的主要特点和创新点如下。

仪器包含双通道快速定量FRET成像系统（DC-FRETM）和多模定量FRET成像系统（MM-FRETM）。DC-FRETM单细胞FRET成像时间分辨率可以达到50ms，MM-FRETM可以实现PbFRERT、spFRET、ExEm-FRET和SE-FRET四种模态定量FRET成像检测分析，时间分辨率可以达到2s。两套系统具有友好的人机交互操控界面，可实现一键式自动检测操作和在线分析，且性能稳定。以上工作为研制具有自主知识产权的活细胞定量FRET显微成像仪奠定了坚实基础。

该仪器的关键技术指标经过广东省医疗器械质量监督检验所和广州医疗器械质量监督检验中心测试，处于国内领先水平。仪器的部分关键技术指标如下表所示。

部分关键技术指标

序号	检验项目	标准条款	标准要求	检验结果	单项结论	备注
型号：MM-FRETM 常温试验						
1	型号1：MM-FRETM	2.1	（1）具有活细胞定量 E-FRET、ExEm-spFRET 和 PbFRET 成像功能	符合要求	符合	
			（2）具有动态 E-FRET 成像功能，最高时间分辨率不大于 6s	符合要求 < 6s	符合	
2	型号2：DC-FRETM	2.2	（1）具有活细胞定量 E-FRET 和 PbFRET 成像功能	不适用	——	
			（2）具有单个活细胞定量检测 E-FRET 实时监测功能，最高时间分辨率不大于 100ms	不适用	——	
			（3）具有单个活细胞中蛋白激酶活化、磷酸化和降解动态过程的实时检测功能，最高时间分辨率不大于 50ms	不适用	——	

序号	检验项目	标准条款	标准要求	检验结果	单项结论	备注
型号：DC-FRETM 常温试验						
1	型号1：MM-FRETM	2.1	（1）具有活细胞定量 E-FRET、ExEm-spFRET 和 PbFRET 成像功能	不适用	——	
			（2）具有动态 E-FRET 成像功能，最高时间分辨率不大于 6s	不适用	——	
2	型号2：DC-FRETM	2.2	（1）具有活细胞定量 E-FRET 和 PbFRET 成像功能	符合要求	符合	
			（2）具有单个活细胞定量检测 E-FRET 实时监测功能，最高时间分辨率不大于 100ms	符合要求 < 100ms	符合	
			（3）具有单个活细胞中蛋白激酶活化、磷酸化和降解动态过程的实时检测功能，最高时间分辨率不大于 50ms	符合要求 < 50ms	符合	

在该仪器的研制过程中，形成了如下多项具有自主知识产权的关键技术。

（1）提出基于双激发光吸收比和双探测通道传递函数比的系统校正思想，并基于此发展了一种基于双通道探测的快速定量 FRET 检测技术，该技术可实现快速（时间分辨率小于50ms）的定量 FRRT 成像。

（2）提出以受供体消光系数比作为系统校正参数，发展了不依赖于系统参数的基于发射光谱线性分离的定量 FRFT 成像技术（spFRET），该技术可以在最佳的成像条件下进行活细胞定量 FRET 成像，极大地提高了活细胞定量 FRET 检测分析的效率。

（3）发展了一种基于激发发射光谱线性分离的定量 FRET 成像检测技术（ExEm-FRET），并且研制了 ExEm-FRET 显微镜。

（4）发展了一种基于 FRET 效率和供受体之间浓度比的线性 FRET 双杂交检验分析技术，极大地简化了活细胞 FRET 双杂交检验的过程。该技术可以在单个活细胞中研究 Bad 蛋白和 Bcl-xl 蛋白之间的结合比率。

（5）发展了一种基于高斯 FRET 双杂交检验技术，该技术可揭示多种复合分子结构比例信息。利用该技术可以在单个活细胞中研究 STS 诱导细胞凋亡过程中 Bax 蛋白转位线粒体后寡聚化的动态过程，揭示了 Bax 蛋白转位线粒体后寡聚化过程大致需要6min，其中，二聚化过程3min内完成，形成多聚体的过程也只需要3min。

（6）发展了基于 ExEm-FRET 成像的 FRET 双杂交检测技术和系统，为拓展 ExEm-FRET 成像技术的应用奠定基础。

该仪器已于2020年10月实现产业转化，其中3项专利技术已经作价33%入股师大瑞利光电科技（清远）有限公司，聚焦定量 FRET 显微成像分析系统的研制与推广应用。开展了核心部件国产化研制，高度国产化（部件国产化率＞90%）的商用 FRETscope 系列显微镜已经迭代多个版本，目前已进入小批量试生产，并同步开发了基于C++和Qt的商用FRET软件，并于2023年4月进入实验室测试和用户测试阶段。同时，与华南师范大学（清远）创新研究院合作建立活细胞FRET检测分析中心，中心已于2021年4月对外全面开放服务。

相关研究成果形成论文多篇，申请和获授权发明专利8项，获2021年全国博士、博士后创新创业大赛创新赛金奖。利用该仪器可以一键完成FRET的测量与定量分析，原位、实时监测活细胞中的动态、微弱的分子事件。仪器可与超分辨显微成像术、WB、Co-IP等技术联合应用于基础生命科学研究、疫苗研发、药物筛选、精准疾病诊断及治疗等多个领域，具有广阔的应用前景。

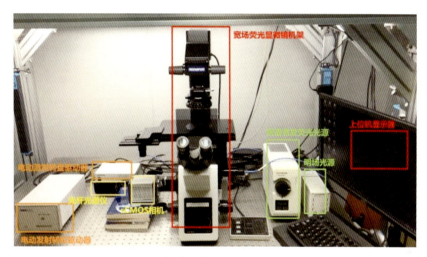

▲ 多模 FRET 显微成像分析系统（MM-FRETM）样机

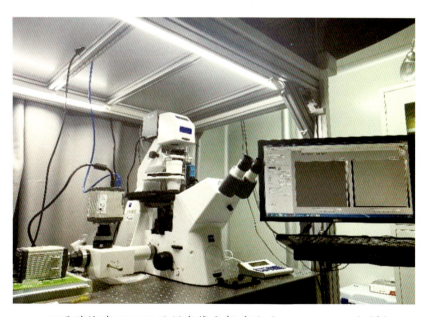

▲ 双通道快速 FRET 显微成像分析系统（DC-FRETM）样机

陈同生，chentsh@scnu.edu.cn，华南师范大学

超导约瑟夫森探针显微镜

随着信息科学中电子学领域的飞速发展，电子器件不断微型化和高度集成化，电子学进入了更深入的研究阶段，人们需要在更小的空间尺度上对器件辐射场信息进行更为全面的观测。扫描探针成像技术是现代科学研究中重要的表征手段，是我们探索未知世界和解决科学问题的有力工具。

南京大学王华兵教授团队研制了具有高空间分辨率的超导约瑟夫森探针显微镜。团队利用超导电子学领域的约瑟夫森结研究的数十年成果和经验，结合纳米制备技术，成功研制了低温铌基纳米级探针、高温超导 $Bi_2Sr_2CaCu_2O_{8+x}$ 探针等多种超导探针，适用于不同电磁表征场景。该仪器可对样品进行从4K到室温、从1GHz到1.5THz、相干检测频率分辨率优于 1×10^{-3} 的近场辐射谱的探测。团队利用该仪器对共面波导谐振器、超导纳米线、高频压控振荡器（voltage controlled oscillator，VCO）芯片、超导太赫兹信号源等多种电子器件的电磁分布进行了成像，观察到了许多之前无法直接观察的电磁波分布图像。这些图像对超导和半导体器件的研究与优化具有重要的参考意义，为集成电路特别是高频集成电路的自主研发提供了一种重要的测试手段。

仪器的主要特点和创新点如下。

（1）攻克了低温超导铌基探针、高温超导铜基探针等约瑟夫森探针的关键制备技术，掌握并固化了多种超导探针的微加工工艺。

（2）铌基纳米探针尖端半径小于50nm，系统的 XY 平面分辨率优于50nm、Z 方向分辨率优于25nm，能够对 0.0004THz ～ 2.5THz 的电磁辐射进行检测，检测频率分辨率优于 4×10^{-4}，检测功率分辨率优于 –80dBm。

（3）高温超导铜基探针可对 4 ～ 300K 的待测样品进行表征成像，检测频率分辨率优于 1×10^{-3}，可探测频率范围覆盖微波与太赫兹波段。

（4）超导约瑟夫森探针显微镜实现了包括二维电磁分布成像、频率检测、光学成像、输运表征等功能在内的多物理场表征成像。

该仪器的性能指标处于国际领先水平，可为集成电路中电磁兼容的检测、超导量子芯片中微波场的调控、人工超材料的电磁分布、自旋波的直接观测等多个领域的科学问题提供重要的表征手段，对超导和半导体电子器件的研究与优化具有重要的参考意义。

仪器的部分技术指标如下表所示。

部分技术指标

技术指标	计划指标	测试结果
探针尖端半径	50nm	44.7nm
空间分辨率	50nm	XY 平面优于 50nm Z 方向优于 25nm
可测辐射频率下限	0.001THz	0.0004THz
可测辐射频率上限	1.5THz	2.5THz
相干检测频率分辨率	1×10^{-3}	4×10^{-4}
可检测功率	−80dBm	−82.2dBm
待测样品工作温度下限	6K	（3.2±0.01）K
待测样品工作温度上限	300K	（300±0.01）K
自动化扫描成像	扫描程序	可执行程序界面

仪器在集成电路、量子计算、太赫兹、自旋电子学等领域有重要应用。

（1）集成电路领域：与集成电路公司或相关研究组合作，研究电路芯片中的缺陷与电磁分布的关联，并进行电磁兼容性测试，协助优化电路设计，解决芯片应用中可能存在的问题。

（2）量子计算领域：开展超导量子芯片的电磁辐射特性研究，了解芯片中的噪声来源、检测量子比特的状态等，为量子计算领域提供新的检测手段和优化方法。

（3）太赫兹领域：探测太赫兹固态器件和人工电磁超材料的近场分布，研究太赫兹器件的内在机制，并优化结构设计。

（4）自旋电子学领域：研究自旋波在平面微波电路中的传播机制，描绘其清晰的物理图像，为未来超低功耗应用设计可编程磁振子电路、磁性存储器件提供依据。

相关研究成果形成论文多篇，申请和获授权发明专利5项。利用该仪器可对微波与太赫兹频段的电磁辐射进行近场扫描成像，实现芯片表面甚至内部的缺陷检测、电输运性能测试、光学成像等，能够在高频集成电路芯片、超导量子芯片、太赫兹固态源、自旋电子器件、人工超材料等科学领域与产品应用中发挥作用。未来有望进一步对高频集成电路（integrated circuit，IC）进行具有空间分辨、频谱分辨和强度分辨的辐射场近场检测，解决IC芯片高频电磁兼容性问题，为我国集成电路特别是高频集成电路和超导量子芯片的发展做出贡献。

低温恒温器

约瑟夫森探针

待测样品

▲ 超导约瑟夫森探针显微镜系统样机

王华兵，hbwang@nju.edu.cn，南京大学

符合人眼观察习惯的高性能光场近眼显示系统

近眼显示设备可为用户提供浸没式/透视式视觉信息输入，已成为虚拟现实（virtual reality，VR）和增强现实（augmented reality，AR）的核心硬件载体。

北京理工大学王涌天教授团队研制了符合人眼观察习惯的高性能光场近眼显示系统。该仪器解决了近眼显示系统的人眼辐辏与聚焦失配问题，以及长期佩戴时导致的人眼视疲劳问题，同时为真三维显示系统减少数据量和计算量提供了一个可行的解决方案，提供了一个虚拟现实、增强现实和新型三维显示的高性能核心呈现平台，在军事、工业、医疗、文教等领域具有重要的应用前景。

仪器的主要特点和创新点如下。

（1）揭示了聚合物稳定液晶膜、聚合物稳定蓝相液晶、几何相位液晶光学器件电光特性的影响机制；实现了响应速度小于2ms的液晶光学器件设计和具有高性能的显示液晶元件制作，并在符合人眼观察的近眼显示原理样机中得到验证。

（2）构建了快速三维光场采集和重建方法，并研究了在近眼显示系统中的适应化呈现，利用多视角图像数据训练光场渲染网络，实现了光场渲染加速。实现了单传感器标定图像反投影误差≤0.5像素，渲染时间为46ms，渲染重建色彩在RGB三个通道各达到了8bit，重建彩色数字精度达24bit。

（3）探索实现了包括光场、视网膜投影、全息、体三维显示在内的多种符合人眼观察习惯的近眼显示方案，具体有基于快速液晶光学元件的光学透射式近眼显示方法、多层液晶的光场近眼显示方法、基于离散微透镜阵列的超薄近眼显示方法、基于复振幅调制的全息近眼显示方法等，并搭建了多套原理样机。其中，开发了基于衍射光波导的双焦面近眼显示样机，样机出瞳距离为15mm，出瞳直径为12mm，双目视场为40.1°，显示对比度大于500∶1，光场显示刷新率为60Hz。

（4）搭建了符合国家标准的近眼显示系统测试平台，覆盖跟踪误差、灵敏度、位置采样频率、虚像距离、视场角、畸变、角分辨率、有效像素比、出瞳直径以及色散等核心指标。同时，起草并发布了国内首批虚拟现实领域国家标准，研发了系列近眼显示检测设备。依托自研设备，建设了国内首家通过中国计量认证（CMA）的虚拟现实检测平台，对规范市场、引导行业良性发展起到了重要作用。

该仪器在近眼显示技术领域有重要应用。在近眼显示高质量采集和渲染技术方面，团队构建双目三角相机采集系统，实现了全景场景的双目立体实时采集传输和显示方法；搭建基于全景相机和机械臂的采集系统，实现了高精可控的场景自由采集重建方法；通过快速傅里叶变换方法，实现了面向近/远视用户近眼显示内容的预校正，提升了用户体验；构建面向无人机系统的近眼显示远程观测系统，实现了自然交互机制的六自由度完全可控远程沉浸式观察；搭建基于稀疏惯性传感器的人体姿态重建系统，实现了全时无感的实时人体姿态交互。相关成果与技术应用于商汤数字人制作、

OPPO智能手机等企业及中国人民解放军总医院、中山大学中山眼科中心等医院的肢体、面部运动障碍疾病诊断，收到了良好的用户反馈。

在符合人眼观察习惯的近眼显示技术方面，团队在光场、视网膜投影、体三维及全息等真实感三维显示方案和近眼显示相结合方面进行探索，提出稀疏透镜阵列光场显示、针镜阵列波导视网膜投影显示、随机点阵列光场显示、复振幅调制的全息近眼显示等新方案，并针对显示性能、样机外观进行了深入优化，搭建了多套原理样机；在充分调研、深入实践的基础上，开发了基于双层衍射光波导和视力矫正镜片的双焦面近眼显示样机，样机轻便可佩戴，相关参数满足计划目标要求。

项目负责单位通过专利技术转化、孵化出北京耐德佳显示技术有限公司。公司持续对近眼显示的性能进行优化，提出了超大视场角超轻薄光学透射式近眼显示设计加工制造技术，实现了近眼显示模组的量产。生产的最新一代近眼显示光学系统的视场角已超过120°，系统质量小于5g，分辨率达2880×1600，核心指标明显优于国际同类产品。公司还支持了多家国内外著名企业推出近眼显示产品，在2021年和2022年先后为高通骁龙XR1、骁龙XR2的AR智能眼镜提供显示光学模组，为联想推出的DaystAR、YOGA T1系列智能眼镜提供显示光学模组，支持小米在2022年发售米家眼镜相机。

相关研究成果形成论文多篇，获得2019年度北京市科技进步奖一等奖、中国产学研合作促进会创新成果奖一等奖、2020年度中国发明协会发明创业奖一等奖、2021年度中国图象图形学学会技术发明奖一等奖、2022年度中国科技产业化促进会科学技术奖科技创新一等奖。团队牵头和主导起草了《信息技术 虚拟现实头戴式显示设备通用规范》（GB/T 38259—2019）等首批国家标准3项。相关应用成果获得军队科学技术进步奖二等奖。

▲ 符合人眼观察习惯的高性能光场近眼显示样机

宋维涛，swt@bit.edu.cn，北京理工大学

基于非线性焦斑调制及 *k* 空间虚拟波矢解调的超分辨显微成像系统

现代生物医学的发展已经进入亚细胞量级，细胞器的研究成为攻克现代医学的难题、探究生命奥秘的关键。为此，细胞器生命活动的可视化对纳米尺度分辨率光学超分辨显微产业提出了新的挑战。光学超分辨技术已发展了20多年，2014年的诺贝尔化学奖就授予了该领域，但现有的技术仍然存在比较大的局限性，如样品普适性差、分辨率偏低、信息维度单一等，缺乏全面反映样品生命活动的能力。

浙江大学匡翠方教授团队成熟运用空间相位调制技术、非线性饱与焦斑激发技术和并行时空探测技术，研究了基于非线性焦斑调制及 *k* 空间虚拟波矢解调的三维超高分辨显微成像系统，使系统对荧光样品没有特殊要求，分辨率提高至约*λ*/12（30 ～ 45nm），荧光寿命成像速度至少上升了一个数量级，最终研制出具有完全自主知识产权、对样品高度普适、能高速调制与探测时空信息的多色超分辨显微仪器，以便其能够在生物医学研究中被验证与广泛应用。该仪器能为生物医学研究提供具有国际先进水平且能被普适应用的时空多参量超分辨荧光显微成像功能。

仪器的主要特点和创新点如下。

（1）在解决时空多信息获取与荧光寿命成像速度提升问题的基础上，开发了基于微透镜阵列光纤束的并行探测模组，实现了样品内被激发荧光时空信息的高速采集，将荧光收集效率提升至96%，使荧光寿命采集速度提升了一个数量级。

（2）在解决多态焦斑相位调制问题上，理论验证激光S偏振和P偏振独立相位调制模型，开发了相应的多态焦斑相位调制模块；建立像差自动矫正模型，开发了自动化像差矫正软件。针对空间光调制器的响应速度标定方法，开展了基于数字全息技术的自参考标定方法研究，通过数字全息理论求解出调制光的相位分布，该标定过程及装置简单，标定后的空间光调制器（spatial light modulator，SLM）的调制误差降低了85%。

（3）研制多模态超分辨荧光显微成像样机2套；解决了稳定快速成像的问题，开发了三振镜高速激光扫描模块，利用增加的第三面偏转矫正振镜，实现大视场下位置畸变矫正，以此获得高精度成像；开发了相应的系统集成软件，完成相应系统模块电动化控制与多种成像模式的控制；针对激光偏振态高速调制的需求，设计了基于电光调制器（electro optical modulator，EOM）的高速偏振调制模块，实现了微秒量级的偏振调制，以满足非线性焦斑调制超分辨显微成像方法针对在单像素激光偏振高速调制的需求；针对激光光强高速调制的需求，设计了基于声光调制器（acousto optical modulator，AOM）的高速强度调制模块，实现了对激光光强微秒量级的强度调制。

（4）针对虚拟波矢解调与迭代算法优化问题，开展了焦斑高频增强优化算法研究，在共聚焦光强下实现了1.2倍分辨率提升；针对荧光辐射微分超分辨显微方法在成像分辨率与成像速度上进一步提升的问题，开展了基于并行探测的原位和错位荧光辐射微分超分辨显微成像理论的研究，并最终实现了2倍成像速度的提升。

（5）针对非线性焦斑调制下荧光漂白严重及图像背景噪声大的问题，开展了脉冲饱和竞争吸收超分辨显微方法与双调制饱和竞争吸收超分辨显微方法的研究，实现了对于抗漂白无机材料纳米金刚石与金纳米颗粒的超分辨显微成像，实现了$\lambda/13$的成像分辨率；通过零差检测拾取相关的荧光信息，减少了75%的噪声，成功抑制了图像的背景噪声。

（6）针对数字全息显微成像质量受制于相位丢失带来的孪生像噪声问题及图像传感器采样频率与采样面积不足带来的欠采样问题，开展了相关物理模型与重建算法的一系列研究，构建了图像传感器像元对光场的采样模型、提出了解决图像传感器采样频率不足问题的通用优化框架、提出了基于空间光调制器波前编码调制的成像方案、提出了基于相位恢复的外推迭代方法及基于克拉默斯–克勒尼希（Kramers-Kronig）关系的多路复用的通用解耦算法，实现了快速、稳定的图像采集及等效2倍分辨率的提升，揭示了探测器尺寸对数字全息成像分辨率的影响，拓展了数字全息显微镜的成像视场。

该仪器为多模态超分辨荧光显微成像系统，包括多种成像模式（如超分辨荧光强度成像、荧光寿命成像、多光谱超分辨多模态成像等），适用于生物细胞学研究（如胰岛 β 细胞功能损耗研究等），可配套自动化控制成像软件。

仪器的部分关键性指标如下表所示。

部分关键性指标

性能指标	计划完成	实际完成
成像模式	饱和激发模式	完成
成像方式	强度成像、寿命成像	完成，强度成像、寿命成像、多光谱成像
横向分辨率	$\sim \lambda/12$	完成，$\sim \lambda/13$
成像速度	2fps（512×512）	完成，2fps（512×512）
多色成像	488nm，561nm	完成，488nm，561nm，640nm
适用范围	无特殊染料	完成，普通非透膜荧光探针超分辨荧光显微成像

该仪器在细胞生物学领域有重要应用。在生物医学研究中，除反映观测细胞微观结构的空间特性外，时间特性也是记录和分析细胞生命活动、蛋白质功能分析和药物疗效评估等的重要手段。对于具有荧光标识的样品而言，反映样品时间特性的参量是荧光寿命，如在糖尿病病理研究中针对胰岛素分泌过程进行的实时监控。该仪器同时具备超分辨强度成像与荧光寿命成像两个功能，对样品的浓度变化、pH值变化等可做到实时观测，具有高度普适性，无需特殊标记即可实现样品时空信息的同时探测，具备实时动态超分辨成像能力。依托该仪器，团队进一步开展了多光谱激光共聚焦成

像系统开发，并在宁波永新光学股份有限公司完成技术转化。相关产品获得首届"金燧奖"中国光电仪器品牌榜金奖。除此之外，团队简化系统结构，开发出了多模态超分辨荧光显微系统2号样机，主要器件实现了国产化替代，如光源、探测器、多通道时间相关计数器、主要光学元器件等。仪器产品计划在杭州柏纳光电有限公司和上海千欣仪器有限公司共同推广。

相关研究成果形成论文多篇，申请和获授权发明专利13项，获得首届"金燧奖"中国光电仪器品牌榜金奖。

该仪器适合各种细胞和组织样品实现高普适性、多参量超分辨成像，可广泛应用于免疫学、形态发生和神经科学等重要问题背后关键生物分子过程的研究。

▲ 多模态超分辨荧光显微成像仪器系统 1 号样机

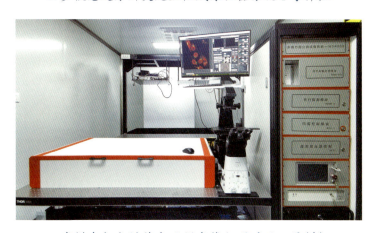

▲ 多模态超分辨荧光显微成像仪器系统 2 号样机

廖旺娣，wdliao@zju.edu.cn，浙江大学

大视场和连续光学变焦的 2D/3D 显微镜

显微镜是当今科技和生活中不可或缺的重要仪器。为了克服如观测癌细胞等个体的精细观测与组织整体观测的矛盾，显微镜除了需要高分辨率外，大视场、连续光学变焦和裸眼3D显示都是急需的功能。

北京航空航天大学王琼华教授团队深入研究了新型显微成像理论和关键技术，研制了保持高分辨率的大视场和连续光学变焦的2D/3D显微镜，以满足科学研究和各行业对显微镜的新需求，提升了我国精密科学仪器的研究和应用水平。

仪器的主要特点和创新点如下。

（1）揭示了大视场高分辨率显微成像的物理机理。团队分析了大视场和高分辨率存在矛盾的根源，突破了传统大视场带来的像质退化，即空间带宽积受限问题，在理论上提出了保持高分辨率的同时实现大视场成像的方法，通过单镜头全焦段分辨率优化和多物镜级联，实现了系统成像空间带宽积的提升。

（2）研制了基于液体透镜的显微物镜。该显微物镜由多个电润湿液体透镜和固体玻璃透镜构成，多个电润湿液体透镜用于改变显微物镜的焦距，固体玻璃透镜用于承担系统的光焦度并与液体透镜联动校正像差。团队突破了基于液体透镜的连续光学变焦技术，采用液体透镜曲率和物方工作距离协同控制的方式，不仅实时连续了光学变焦，还校正了变焦过程中出现的球差和色差。

（3）研制了光场2D/3D兼容显示器。为了实现2D/3D兼容显示，团队研制了条形电极结构的液晶透镜阵列。为了消除3D显示存在的莫尔条纹，团队采用光刻和湿法腐蚀工艺，制作了倾斜条形铟锡氧化物（indium tin oxide，ITO）电极，并通过旋涂取向层、摩擦取向等工艺，制作了液晶透镜阵列。为了实现较短的切换时间，团队根据最短焦距对应的电压，采用低黏度的向列相液晶材料，将液晶透镜阵列的响应时间降至28ms。团队基于研制的液晶透镜阵列，结合多视点3D显示技术，突破了2D/3D兼容显示技术，并且研制了2D/3D兼容显示器。测试结果表明，研制的2D/3D兼容显示器的3D显示深度约为15cm，显示尺寸为22in（1in ≈ 2.54cm），3D显示空间带宽积为23196203。

（4）数据处理的计算机软件。团队提出的显微数据处理软件由驱动层、数据处理层和应用层构成。其中，驱动层为该仪器的功能设备提供底层硬件驱动，由互补金属氧化物半导体（complementary metal oxide semiconductor，CMOS）相机阵列内核和液体物镜阵列调节转换器内核组成。数据处理层为软件的核心层，实现了大视场高分辨率2D图像的拼接和高分辨率光场3D图像的合成。应用层则为用户提供直观的2D图像显示或光场裸眼3D显示，同时实现图像处理的各参数配置、用户交互操作。

（5）研制了显微镜样机。该仪器样机由基于液体透镜的显微物镜、光场裸眼2D/3D兼容显示器、处理数据的计算机软件组成。团队对系统的各模块进行了装配、调试和集成，形成了显微镜样机，样机变焦倍率为9.83～106.70倍。团队打通了各模块的通信通道，通过中控计算机对液体透镜驱动控制上位机、图像数据处理软件和光场2D/3D兼容显示屏的液晶透镜阵列等进行联动控制，对存储在驱动模组中的液体透镜倍率调控参数、存储在图像处理软件拼接模块后台的标定内参、光场2D/3D兼容显示器图像计算和显示模型调节程序等进行一体化控制。

仪器的部分关键性能指标如下表所示。

部分关键性能指标

性能指标	计划完成	实际完成
物方视场	$\geqslant$ 10mm	4.8mm
最高光学分辨率	300nm	508nm
连续光学变焦范围	10～100倍	9.8～106.7倍
显示尺寸	$\geqslant$ 20in	22in
3D 显示深度	$\geqslant$ 20cm	15cm
3D 显示空间带宽积	$\geqslant 10^7$	2.3×10^7
图像拼接和合成误差	$\leqslant$ 0.2 像素	0.2 像素

该仪器在病理诊断领域有重要应用，可以实现无任何机械移动下倍率从9.8～106.7倍的连续变化，并可对任意区域进行自由缩放；倍率变化的响应时间为毫秒量级，可以实现动态实时观测；倍率变化可以通过声控等非接触式操控解放双手，有效提高病理切片的检测速度及分析的准确性，为精准、高效的病理诊断提供可靠手段。依托该仪器研制的基于液体透镜的连续光学变焦显微镜已经初步在四川大学华西医院病理科得到应用。应用该仪器，可以仅通过电压调节液体透镜焦距就实现显微镜放大倍率的连续变化、响应速度快、无样本抖动，有效提升了病理科对细胞切片处理的准确性和精准性。同时，该显微镜可对疑似病区进行精准缩放，降低误诊率。

相关研究成果形成论文多篇，申请和获授权发明专利5项。该仪器作为一种重要的成像仪器，为人类健康提供了重要的医疗诊断数据，在工业检测、激光加工、材料合成等方面也具有重大的应用价值。

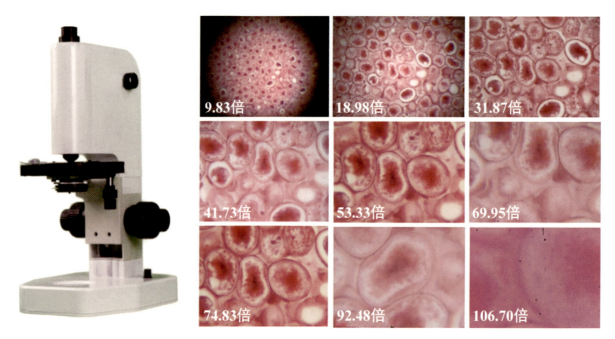

▲ 研制的 9.83 ～ 106.70 倍连续变焦显微镜样机及成像结果

王琼华，qionghua@buaa.edu.cn，北京航空航天大学

超快原子分辨太赫兹近场扫描隧道显微镜

实现可测量分析大分子成键、催化等动态过程是材料科学和生物医学领域的一项重大挑战。具有皮秒时间分辨、原子级空间分辨和兆赫兹谱分辨的太赫兹近场扫描隧道显微镜（STM）是实现高精度表面原位测量与分析，研究原位、分子动力学理论及工业基础问题、材料基础理论的重要手段。

中国科学院上海微系统与信息技术研究所曹俊诚研究员团队研制了一台超快原子分辨太赫兹近场扫描隧道显微镜，研究工作涉及太赫兹激光器、探测器等核心芯片的自主研发，太赫兹泵浦–探测技术及太赫兹光与传统低温STM光路耦合，显微镜功能拓展与性能的突破等诸多方面。

仪器的主要特点和创新点如下。

在大功率太赫兹激光源及其小型化技术、高速高灵敏太赫兹探测技术、太赫兹光与近场探针耦合技术方面取得了重要进展。团队对太赫兹激光源材料与芯片、太赫兹光频梳技术、异步采样太赫兹泵浦–探测技术等进行深入研究，研制出了千毫瓦级大功率太赫兹激光源和十毫瓦级小型化模块，高灵敏太赫兹二维电子气探测器，精密频移调节和等间距、低相位噪声的太赫兹双光梳以及高稳定自适应调节的太赫兹泵浦–探测系统。上述关键技术的突破为太赫兹技术与传统低温STM的交叉及功能与性能的提升奠定了重要基础。太赫兹近场STM的开发对研究超快原位表面物理、超快表面化学等有重要促进作用，将有效提高我国在材料和生物医学分析领域的竞争力。

在该仪器的研制过程中，取得了如下多项自主知识产权的关键技术。

（1）提出了针对单面金属波导大功率太赫兹量子级联激光器（quantum cascade laser，QCL）的双耦合输出结构，获得了1.4W的太赫兹脉冲激光（4.28THz）输出和38mW平均功率输出，功率波动小于3%；基于小型斯特林制冷技术和芯片高效散热封装技术，开发了10mW级小型化太赫兹激光源，最大单面输出功率为13.94mW@54K，指标已达到国际先进水平，为太赫兹STM高空间分辨率的实现奠定了重要基础。

（2）提出了一种准光硅透镜耦合的蝶形天线结构，研制出了AlGaN/GaN HEMT外差探测器，器件中心工作频率为0.33THz，中频带宽大幅提升至约2.9GHz；基于$PdSe_2$的高迁移率、低热导和大的塞贝克系数，实现了自驱动可见–太赫兹波段宽谱探测，得到了清晰的空气/液面界面图像；为太赫兹STM高速信号提取与放大提供了重要的手段。

（3）提出了一种利用单模激光器与太赫兹量子级联激光器光频梳拍频来测量前者调谐特性的方法，通过改变激光器温度或电流实现微波拍频信号的频移，实现了高精度的太赫兹光频梳频率调谐结果，精密频移调节平均速率为2.7MHz/mA。该装置简便，没有移动部件，具有测量精度高、可实时测量的特点，为太赫兹STM中的精细频谱和高谱分辨测量奠定了技术基础。

（4）提出了一种通过相位锁定一根光梳线来使太赫兹双光梳激光源变得稳定的方法，使得靠近锁相线的其他双梳状线的相位噪声显著降低，证明了在不控制重复频率情况下，太赫兹QCL光梳可产生脉冲型波形；该方法为太赫兹双光梳的主动稳定提供了一种方便的方法，可进一步用于快速传感和精密光谱分析。

（5）提出了一种基于全光纤自适应信号提取与处理的异步采样技术，并将其应用于太赫兹泵浦-探测系统。该技术通过实时频谱补偿与修正的方式，主动抵消了探测光梳与参考光梳的时间抖动和相位噪声，解决了现有异步光学取样技术易受环境干扰和光梳抖动较大时系统难以稳定工作等技术难题，在时间精度和长期稳定性方面提升了系统的性能，为实现太赫兹STM中皮秒级时间分辨率功能奠定了技术基础。

（6）基于自主研发的太赫兹激光源和探测模块，构建了太赫兹激光与显微探针的对称型耦合光路及信号探测光路，研究了太赫兹激光与显微探针在几十千赫兹抖动频率下的耦合机理以及近场太赫兹散射信号变化，获得了最高三阶针尖散射信号的锁定，系统最佳分辨率达95nm，为太赫兹激光与低温STM针尖的有效耦合研究奠定了重要的理论和实验基础。

（7）在耦合原子阵列中，通过Ag原子之间的相互耦合调节了Ag原子在半单位细胞（HUC）内不同吸附位置的停留时间，并以该停留时间为信息载体，实现了三位数字逻辑比较器件的构筑；使用低温STM观测了Au（111）表面双层NaCl岛的解离过程，从NaCl薄膜生长动力学和热力学角度出发，分析了C_{60}分子在NaCl表面的生长模式变化情况，研究成果为太赫兹辐射与微观粒子的相互作用研究提供了重要的微观手段。

（8）基于磁力耦合（即外部磁套和内部铁块相互作用）原理，采用传输杆的传送形式，完成了STM系统三腔室之间样品传送装置的设计与验证，通过引入特殊设计的轴承组，有效减小了样品移动和升降过程中的放气，实测瞬态最大放气量小于5×10^{-10}Torr（1Torr $\approx$ 133.32Pa），为整机仪器系统的样品操作奠定了部件基础。

该仪器围绕高空间分辨率、超快时间分辨率和高谱分辨率太赫兹STM的研发，已完成大功率太赫兹激光源及高性能太赫兹光频梳、高灵敏太赫兹探测模块、超快时间分辨太赫兹泵浦-探测系统等关键模块的研制，完成了基于低温STM的分子操控、太赫兹光与近场探针耦合机理、高性能真空操作杆的研究等，为整机仪器的集成和研发奠定了重要的技术和模块基础。

仪器的部分关键核心技术达到国际先进水平，技术指标如下表所示。

关键材料、核心器件与部件的技术指标

技术指标	计划完成	实际完成
1. 高质量 QCL 材料		
外延层表面缺陷密度（EPD）	$< 20\mathrm{cm}^{-2}\mu\mathrm{m}^{-1}$	完成
外延峰半峰宽	$< 25''$	完成
可见卫星峰级数	$\geqslant 10$	完成
组分均匀性	优于 ±1%（4英寸）	完成

技术指标	计划完成	实际完成
表面粗糙度	＜ 0.3nm	完成
2. 太赫兹 QCL 激光源		
连续辐射功率	大于 80mW	完成
3. 太赫兹光频梳		
频谱覆盖宽度	不低于 600GHz	完成
频梳稳定性	优于 50kHz	完成
4. 太赫兹探测器		
材料迁移率	＞ 7000cm^2/Vs @300K； ＞ 125000cm^2/Vs @77K	完成
噪声等效功率 NEP	≤ 50fW/Hz$^{1/2}$	150fW/Hz$^{1/2}$
中频带宽	≥ 2GHz	1GHz
响应频段	0.1THz ～ 5.0THz	0.1THz ～ 4.0THz
5. 太赫兹泵浦 - 探测模块		
光谱分辨率	1GHz	完成
时间分辨率	1ps	完成
6. 太赫兹时域光谱模块		
频谱宽度	0.1THz ～ 4.0THz	完成
信噪比动态范围	＞ 80dB	60dB
扫描范围	＞ 1000ps	完成
频率分辨率	优于 2GHz	完成
7. 真空系统		
进样室真空度	＜ 1×10^{-8} Torr	完成
预处理室真空度	＜ 5×10^{-10} Torr	完成
主操作室真空度	＜ 2×10^{-10} Torr	完成

整机的技术指标

技术指标	计划完成	实际完成
超快原子分辨太赫兹近场扫描隧道显微系统		
扫描范围	1.2μm × 1.2μm × 0.4μm @ 5 K	2μm × 2μm × 0.4μm @ 5 K
最小隧穿电流	小于 0.5pA	1pA
基准温度下稳定性	XY 小于 0.2nm/h Z 小于 0.1nm/h	完成
变温范围	5 ～ 300K	完成
最优空间分辨率	0.5Å	1Å
可测样品尺寸	7mm × 7mm	7mm × 7mm

注：系统指标为传统低温 STM 系统的测量值

该仪器在成像技术、测距和厚度测量、水汽、半导体样品实时光谱检测等领域有重要应用。

（1）太赫兹激光源应用于成像技术。成像技术是太赫兹领域非常重要的发展方向之一，团队研发的液氦型、斯特林型和液氮型小型化太赫兹激光源，分别应用于太赫兹近场光学显微成像系统、太赫兹实时成像系统及小型化太赫兹阵列成像系统，分别实现了对微区金划痕的显微成像、芯片管脚及结构的实时成像以及蚕卵发育阶段的阵列成像，完成了太赫兹近场显微成像仪器项目功能演示、芯片成像分析以及蚕卵发育阶段的精确识别（结合人工智能技术），为后续太赫兹STM系统的性能提升奠定了重要基础。

（2）自适应太赫兹异步取样泵浦–探测系统应用于测距和厚度测量。采用太赫兹脉冲时域补偿与修正技术，通过提升参考信号和回波信号之间的延时精度，实现实时（＜5ms）超快测量。整个测量系统无需匹配光程，且自适应采样过程可降低时序抖动引起的测量不确定性和太赫兹电场强度噪声，可实现5cm距离内不确定度降低至2.5μm。

（3）太赫兹双光梳系统应用于水汽、半导体样品实时光谱检测。团队提出了通过相位锁定一光梳线来使太赫兹双光梳激光源变得稳定的方法，利用靠近锁相线的其他双梳状线的相位噪声显著降低这一现象，证明了在不控制重复频率情况下，太赫兹QCL光梳可以产生脉冲型波形。采用双光梳系统测了纸张、水汽、半导体样品等太赫兹精密光谱，该方法为太赫兹双光梳激光源的主动稳定提供了一种方便的方法，可进一步用于快速气体传感和光谱分析。

依托该仪器研制出的小型化太赫兹激光源，在国防科学技术大学、北京航空航天大学、东华大学、东莞理工学院获得了应用，分别用于太赫兹单光子探测系统、太赫兹阵列成像系统、太赫兹光纤损耗测量及太赫兹实时成像系统，激光源性能满足用户需求，获得了用户好评。依托该仪器研制出的太赫兹探测器在中国科学院合肥物质科学研究院、安徽中科太赫兹科技有限公司、复旦大学附属华山医院获得了应用，分别用于托克马克装置等离子体密度检测、太赫兹安检成像系统及生物医学样品检测，探测器性能满足用户需求，获得了用户好评。

相关研究成果形成论文多篇，申请和获授权发明专利8项。该仪器将在太赫兹微观分析领域及分子层面的操控技术、表面分析技术方面发挥重要作用。结合分子动力学、催化化学、生物医学等领域的技术，预计该仪器在超快原位表面物理、超快表面化学等领域的应用前景将十分广阔。

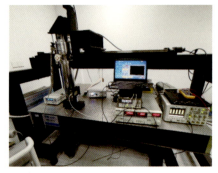 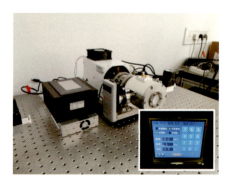

（a）千毫瓦级大功率太赫兹激光源　　　（b）小型化太赫兹激光源及其驱动控制界面

▲ 大功率太赫兹激光源及其小型化模块

（a）便携式探测器模块　　　　　（b）即插即用探测器模块

▲ 高灵敏太赫兹探测器模块

▲ 高谱分辨太赫兹光频梳系统

曹俊诚，jccao@mail.sim.ac.cn，中国科学院上海微系统与信息技术研究所

基于 Rydberg 原子量子相干效应的微波电场高分辨成像装置

微波电场的精密测量对通信、国防以及生物检测等领域有重要意义。通常需要建立严苛的电磁环境来评估天线的性能。在满足远场条件的情况下，可通过精确控制探测天线的位置并进行大范围的平面或者曲面扫描来获得被测天线辐射场特征参数。然而，随着天线口径的增加，这种方法要求的测试场地越来越大，在空间巨大的测量场地内建立符合要求的电磁环境变得非常困难。此外，在保证精确控制传感器位置的情况下，远场条件下的大范围扫描会导致测试时间变得极为冗长。为解决上述问题，微波天线辐射场的近场测量技术应运而生。电特性天线探头放置在距离被测天线 3 ~ 10 个工作微波波长的位置进行平面或者曲面内的二维扫描，以获得空间各点的微波电场特征参数信息。近场测量技术虽然可以避免远场测量中距离因素和外界环境的影响，具有相对精度高、安全、保密、受天气环境影响小等优势，但近场测量技术对微波探测器的空间分辨率和灵敏度提出了更为苛刻的要求。传统的金属偶极子天线电性探头对被测场的扰动大，测量灵敏度和准确度都不高。对于 110GHz 以上的微波测量仪器，西方发达国家对我国实行了严格的进出口限制，严重制约了我国民用与国防领域中急需发展的高频天线校准和测试技术。随着近年来超快无线通信系统、高分辨成像雷达的快速发展，在片近场电磁干扰（EMI）测试、集成电路的电磁骚扰测量、天线阵列近场测试等方面的电磁兼容性（EMC）测试对空间高分辨成像的需求越来越强烈，如集成电路的 EMC 已经成为衡量集成电路工作特性的一项重要指标。集成电路集成的元件和线路越来越密集，这种不确定度导致无法对小型辐射源的近场特征实现精密在片测量。因此，为满足芯片级辐射源的在片测量需求，实现芯片级辐射源空间特征的精确刻画，需要发展具有高灵敏度（~ μV/cm）、高空间分辨能力（< 10μm）并且对被测场低扰动的新型传感器和相关配套装备。

山西大学贾锁堂教授团队基于里德堡（Rydberg）原子量子相干效应，利用 Rydberg 原子的电磁诱导透明光谱实现测量原理，研制了一种基于新原理和新技术的微波测量装置。团队利用单一传感探头实现了 1GHz ~ 300GHz 宽频微波电场的频率、场强、极化方向、相位等多参数的高灵敏（毫伏 / 厘米量级），亚波长空间高分辨（毫米量级）的三维成像测量。

仪器的主要特点和创新点如下。

（1）Rydberg 原子制备窄线宽激光系统。利用探测光和耦合光的双光子激发方式将基态原子制备到 Rydberg 态，并利用电磁诱导透明光谱对微波电场测量结果进行读出。利用电磁诱导透明光谱特征实现对微波场的强度、极化方向等关键参数的反演。

（2）研究原子气室对被测微波场的扰动，通过设计原子气室的材料、形状等参数，评估原子气室内部微波电场分布的不确定度，实现低扰动微波传感器。利用外静电场或磁场对 Rydberg 原子的能级连续调谐，实现微波的宽频测量。

（3）实现精确控制原子微波传感器和被测电路空间位置的精确束的三维扫描，实现微波场三维空间分布的近场高分辨成像。

该仪器可实现对标准增益天线空间的亚波长空间成像、微带天线及微型电路的近场空间成像。

仪器的主要技术指标如下表所示。

主要技术指标

微波电场高分辨成像装置系统	技术模块	技术指标
微波传感系统	场强灵敏度	＜ 55nV/cm
	场强测量不确定度	＜ 0.5%
	空间分辨率	＜ 10mm
	相位灵敏度	＜ 0.5mrad
	极化方向灵敏度	＜ 0.5rad
	频率测量精度	＜ 0.3mHz
激光器控制系统	功率稳定性	＜ 0.5%
	相位噪声	＜ −30dB
	激光线宽	＜ 100Hz
扫描控制系统	扫描精度	＜ 1mm
	扫描深度	＜ 5mm
计算机控制系统	数据采样率	～ 1GHz/s

该仪器可应用于标准增益天线增益曲线校准、空间方向图测试以及射频芯片的在片近场测量。相关研究成果和装置在中国计量科学研究院、中国航天科工集团公司、中国电科集团等单位得到应用，并在太原市第一实验室等机构进行产业孵化。团队与中国计量科学研究院一起有力推进我国微波电场量子基准的建立，完成了标准增益天线增益校准曲线的精确测量，并与国际计量机构英国国家实验室及中国计量科学院采用的传统标准场计量方法结果进行了比对，得到不确定度效应为0.1dB，特别是在微弱微波场的可溯源测量上具有显著优势，将可溯源场强由毫伏/厘米量级推动到了微伏/厘米量级。团队参与完成了TC578（全国量子计算与测量标准化技术委员会）量子技术国家标准中关于Rydberg原子精密测量的量子标准撰写。

相关成果形成论文多篇，入选"中国高校十大科技进展"和"中国光学领域十大社会影响力事件"，获授权发明专利7项。该仪器将提供可溯源至普朗克常数，具备自校准功能的微波电场空间高分辨成像能力，在场强灵敏度、相位及频率测量精度等关键指标上优于传统天线探针，特别是在天线增益曲线校准、空间方向图测试以及射频芯片的在片近场测量方面具有显著优势，有助于为天线设计和制造、集成电路EMC测试提供新型测试仪器。

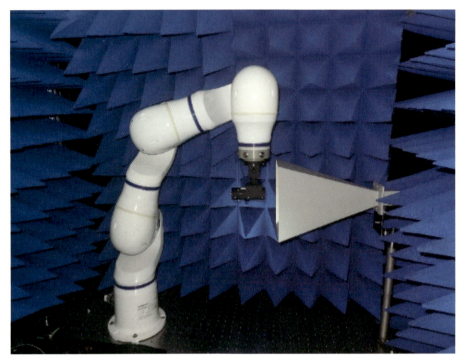

▲ 基于 Rydberg 原子微波高分辨成像装置图及对标准增益天线口面场测试

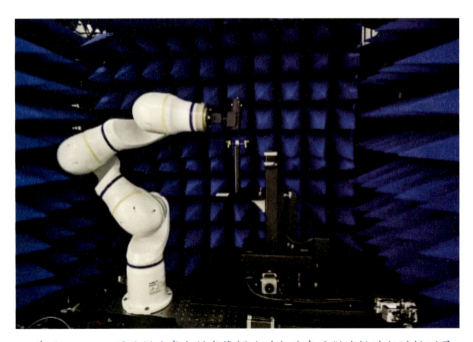

▲ 基于 Rydberg 原子微波高分辨成像探头对电路表面微波场进行近场测量

张临杰，zlj@sxu.edu.cn，山西大学

光学测量与传感

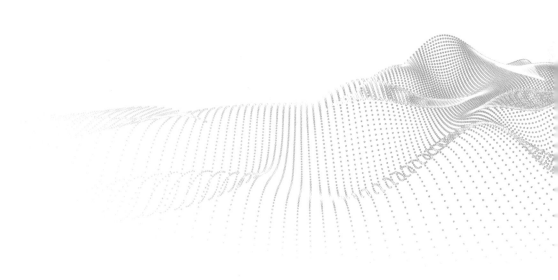

面向地壳形变感测的超高精度光纤应变场检测仪

地震是人类面临的最大自然灾害之一，我国为世界上大陆地震发生最多的国家。开发高效的孕震过程检测技术和仪器，是获取地震孕育过程信息和研究地震发生规律的关键。现有地壳应变场观测仪器设备体积大、成本高、安装复杂，无法满足观测地壳应变场的需求。

上海交通大学何祖源教授团队基于超高精度准静态光纤应变传感技术，研究开发了面向地震孕育过程信息获取的地壳应变场检测仪。该仪器在地壳形变的准静态频域上达到了优于纳应变的超高应变分辨率，并具备长距离、大容量复用传感能力，进而实现对高地震风险区域的地壳应变场的监测。该研究不仅提高了我国高精度对地观测仪器研制的自主创新能力，还对推进地震预测研究起到了重要作用。

团队针对实现地壳形变场检测中准静态极微弱应变的阵列化测量难题，提出了亚纳应变级微弱应变的光纤传感与信号提取的精密方法，解决了光纤应变传感单元封装设计和高效应变耦合、超高精度传感器阵列信号处理和串扰抑制等关键科学与技术问题，建立了光纤应变场检测数据处理和解析方法，成功研制了满足地壳形变场感测要求的超高精度光纤应变场检测仪。

仪器的主要技术创新点如下。

（1）提出一种对任意光纤光栅绝对频率进行精确测量的技术。在光纤传感器系统中引入HCN气体吸收室作为绝对频率标准，并利用光纤法布里–泊罗干涉仪作为频率步进基准，实现了对光纤光栅谐振频率的大量程、高精度测量，温度传感分辨率达到了0.7mK。

（2）提出一种基于双锁定回路的超高精度应变传感系统，获得了0.01nε的传感精度和500采样/秒的传感速度，首次实现了覆盖地球物理研究整个频率范围的超高精度应变传感。

（3）提出并实现了基于单个传感元件的高精度温度应变分离式测量方案，综合利用边带探测与高速闭环控制等技术，实现了无参考元件情况下绝对测量准确度接近纳应变级的信号观测，解决了高精度光纤应变传感器中传感元件对温度与应变交差敏感的问题。

（4）提出并实现了一种基于相干检测的正交解调相位调制光外差（pound drever hall，PDH）解调方案。该方案能够在低探测光功率下实现亚纳应变级传感，解决了长距离传输与大规模复用等场景中探测光功率大幅衰减导致传感性能下降的问题。

（5）开发出基于超稳腔和PDH技术的稳频光源及传感系统，实现达到光纤热噪声极限的高分辨率传感，应变分辨率达到10^{-14}级，温度分辨率优于微开，创造了光纤传感器的分辨率新纪录。

（6）提出了基于光学谐振腔的瞬态响应过程的全新应变解调机理，具有高测量灵敏度和测量速度、低信号处理复杂度等优点，测量分辨率达到优于亚纳应变（10^{-10}）级，测量范围至百微应变（10^{-4}）级，响应频率高于100Hz，且能与波分/空分复用等技术兼容。

仪器的具体技术指标如下表所示。

具体技术指标

技术指标	项目预期指标	实际测试指标	测试结论
应变测量分辨率	$0.1n\varepsilon$（10^{-10}）	$0.076n\varepsilon@\ 0.1Hz$	达标
		$0.054n\varepsilon@1Hz$	达标
		$0.024n\varepsilon@100Hz$	达标
应变测量量程	$1000\mu\varepsilon$	$2333\mu\varepsilon$	达标
温度测量分辨率	0.01℃	0.000057℃	达标
温度测量量程	$-20 \sim 100℃$	$-20 \sim 113.78℃$	达标
测量频率响应	$10^{-7} \sim 10^2Hz$	$10^{-7} \sim 110Hz$	达标
测量距离	100km	200km	达标
传感单元数	25	40	达标

相关成果形成论文多篇，获授权发明专利14项。团队采用该仪器，在四川省甘孜藏族自治州康定市燕子沟地震台站建立了地壳基岩应变张量的实时监测系统，实现了对地震断层应变张量的实时监测，清晰记录了地壳基岩的固体潮和地震波信号，验证了超高精度光纤应变场检测仪用于捕捉孕震断层近场应变场动态信息的可行性。该仪器的成功研制对推进地球科学研究特别是地震预测研究将起到基础性的重要作用。

▲ URS-350 解调仪主机

▲ UDCA-1510 时分复用附机

庄语迪，yudi.zhuang@sjtu.edu.cn，上海交通大学

内燃机燃料喷雾与燃烧场瞬态光学诊断系统

内燃机燃料喷雾成像与燃烧场组分实时诊断对优化内燃机设计、提高内燃机燃烧效率、实现国家节能减排目标具有重要意义。由于内燃机燃料喷雾近场区液滴密度高及燃烧场的多组分特性，常规的光学诊断技术无法同时适用于近场区燃料喷雾空间分布和燃烧场组分的瞬态时空分布诊断。

吉林大学徐淮良教授团队聚焦差分光克尔门选通弹道成像与飞秒成丝光传感探测技术，解决了内燃机燃料喷雾近场区光学诊断成像和燃烧场多组分光谱同时测量中的多项关键技术，包括飞秒差分光克尔门选通成像技术、飞秒超连续谱白光直接照明结合空间门弹道光成像技术、长工作距离显微成像技术、飞秒激光诱导燃烧多组分指纹荧光光谱技术、飞秒近红外超强激光泵浦紫外超快激光散射探测技术等；研制出同时适用于内燃机燃料喷雾与燃烧场瞬态光学诊断的内燃机燃料喷雾与燃烧场瞬态光学诊断系统。该研究为内燃机燃料喷射、雾化过程及机理、火焰形成与分布、燃烧中间产物分布等基础问题的研究提供了测试设备，进而为发动机优化设计提供了基础实验数据支持。

仪器的主要创新点如下。

（1）揭示了飞秒时域光克尔门中超快光克尔效应与自衍射效应之间的竞争机制，并通过调控泵浦光和探测光偏振态，有效抑制了自衍射效应的产生，实现了高对比度超快光克尔门。

（2）揭示了飞秒脉冲在散射介质中的传播规律，掌握了散射介质类型、组分、浓度、光学深度等参数对超短脉冲的传播方向、发散角、偏振度等特征的影响。

（3）提出了一种飞秒差分光克尔门选通成像新方法，有效解决了光克尔门选通成像中低通滤波效应致图像边缘模糊、空间分辨率下降问题，提高了成像空间分辨率和信噪比。

（4）提出了飞秒超连续谱白光直接照明结合空间门弹道光成像的新方法，有效抑制了燃料喷雾场成像中随机相干效应导致的成像散斑效应，提升了成像目标辨识度和空间分辨率。

（5）设计并研制了适于内燃机燃料喷雾近场区成像的长工作距离显微成像系统，有效提升了飞秒光克尔门选通弹道光成像的空间分辨率和检测距离。

（6）揭示了飞秒强激光在气体和火焰燃烧场中的非线性传输特性，获得了飞秒激光在火焰中成丝阈值功率和在钳制功率密度。

（7）展示了燃烧场中飞秒光丝钳制功率密度可有效激发燃烧多组分OH、CN、CH、C_2指纹荧光，实现了燃烧中间产物多组分同步动态探测，获得了燃烧中间产物OH、CN、CH、C_2以及碳烟颗粒物燃烧关键组分在甲醇、乙醇、正丙醇、正丁醇、正戊醇等几种不同燃料燃烧场的空间分布。

（8）发现了气体环境下飞秒激光诱导荧光自发受激放大及自导引白光种子放大等效应，通过改变激光成丝宏观参数（直径、脉宽、偏振等），研究了不同光源条件下的最佳燃烧场燃烧产物探测条件，优化了测量系统的探测灵敏度和空间分辨率。

（9）提出了飞秒量级时间尺度内碳烟颗粒物的强激光泵浦及紫外超快激光散射探测的新型泵浦探测技术，实现了对火焰中碳烟颗粒的超快动力学过程的测量。

仪器的部分关键技术指标如下表所示。

燃料喷雾场瞬态光学诊断子系统的部分关键技术指标

技术指标	计划完成	实际完成
成像时间分辨率	1ps	450fs
成像空间分辨率	30μm	10μm
成像光学深度	12	完成

燃料燃烧场瞬态光学诊断子系统的部分关键技术指标

技术指标	计划完成	实际完成
多种燃烧组分同步测量	实现 OH、CH、CN、C_2 四种燃烧组分的同步测量	完成
横向分辨率	500μm	150μm
纵向分辨率	5mm	200μm
时间分辨率	10ps	1ps

相关成果形成论文多篇，获授权发明专利8项，获2016年度陕西省科学技术奖一等奖1项。该仪器目前主要用于实验环境下超快激光贫燃气体点火的燃烧中间产物诊断和喷嘴近场区喷雾场成像等基础研究。研究成果为喷雾近场区诊断、湍流燃烧超快诊断提供了新思路，预计在不同发动机的燃烧诊断、喷雾场成像方面将有一定的应用前景。

（a）光学诊断装置　　　　　（b）标准燃烧器　　　　　（c）定容弹

▲ 燃烧场瞬态诊断的飞秒激光传感探测装置

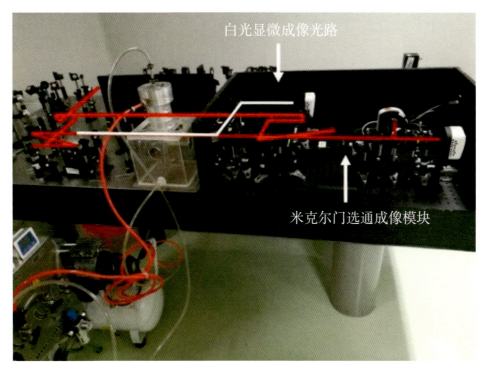

白光显微成像光路

米克尔门选通成像模块

▲ 高速燃料喷雾近场区诊断的弹道光成像装置

臧宏伟，hongwei_zang@jlu.edu.cn，吉林大学

单分子量子相干光谱仪

利用单分子光谱研究小分子、原子团簇以及生物分子本身及其吸附在表面或者处于复杂凝聚相环境中的物理和化学性质，在物理学、化学和生物学等学科中具有重要的科学价值，在工程领域也有广泛的应用前景。单分子动力学可描述单分子运动特性，但在超过相干时间的光谱测量范围时只能研究分子运动平均动态行为，无法研究单分子量子动力学。单分子光谱主要探测自发辐射荧光，包括基于光子计数统计的荧光强度轨迹、荧光寿命、分子取向等测量技术手段，以及荧光光谱和拉曼（Raman）光谱等频谱分析方法，只能反映分子运动平均动态（微秒量级以上）的行为。由于单分子荧光的相干时间尺度在飞秒到纳秒量级，因此无法测量相干时间之内的单分子量子动力学。

山西大学肖连团教授团队研制的单分子量子相干光谱仪，利用超快激光光谱检测单分子相干叠加态及其演化过程的量子信息，实现了单分子相干时间与位相的测量和成像，反映了单量子水平上物质单元的组成、结构与动力学性质，获取了被系综统计平均掩盖的单分子量级的量子相干信息。单分子量子相干光谱仪的研制在量子信息、新材料和生物化学等领域具有重要的应用前景。

仪器的主要创新点如下。

（1）发展了量子相干光谱检测新原理，基于超快激光调制实现了量子态的高保真制备和动态演化测量；发明了基于量子相干调制的单光子信息处理技术，实现了宽频带、高信噪比的量子相干信息实时提取；通过对单量子体系波包的相干操控，实现了超快量子相干层析成像；解决了单分子量子动力学测量的技术难题。

（2）基于单分子量子相干态的操控，对单分子荧光光子的到达时间进行了离散傅里叶变换，从而可以将淹没在大背景下的单分子荧光信号提取出来，其成像背景比可以达到100，相对于传统荧光成像，提高了近2个量级。

（3）完成了单分子量子相干光谱仪的研制，主要技术指标：光谱测量范围为400～800nm，相干相位分辨率为1°，相位调节精度为±0.1°，成像信噪比为100，操作保真度为0.95。

该仪器采用的量子相干光谱检测技术的指标对比如下表所示。

量子相干光谱检测技术与国际相关技术指标对比

相关技术	STORM	PALM	STED	SIM	量子相干光谱检测技术
分辨率	20nm	20nm	50nm	80nm	1nm@3K
样品厚度	～1μm	～1μm	～20μm	1～3μm	～1μm
单分子	特殊单分子	特殊单分子	特殊单分子	所有单分子	所有单分子
信噪比	好	好	一般	一般	很好
工作方式	宽场	宽场	点扫描	结构光扫描	点扫描
动力学	无量子动力学测试能力				量子相干动力学光谱

团队基于该仪器及相关技术方法，在面向国家重大需求和服务地方经济建设等方面开展了如下相关应用。

（1）在面向国家重大需求方面。相关技术应用于中国科学院国家授时中心，被评价为"该技术可以在频域内有效滤除噪声光子计数对测量结果的影响，将原子荧光谱的探测灵敏度提高了2个数量级……同时，该技术在强背景噪声环境中实现了单光子信息提取，在传感等领域具有重要意义；山西重明光子通信技术有限公司使用该技术开展了单光子水下通信的研究，实现了水下通信收发系统的工程化研制，进一步拓展了水下通信距离。

（2）在服务地方经济建设方面。相关技术应用于燃烧烟气排放物监测、燃烧过程优化、污染物空气释放值测定等仪器中。中绿环保科技股份有限公司利用该技术显著提升了荧光法烟气排放监测的灵敏度；太原市海通自动化技术有限公司在燃烧优化系统中通过使用相关的发明技术，有效抑制了取样过程对优化控制的影响，显著提高了系统的优化能力；山东惠工电气股份有限公司在其产品HGSF 206型空气释放值测定仪中使用了基于量子相干的微弱信号检测技术，提高了系统的灵敏度、稳定性和可靠性；太原博而硕电子科技有限公司使用了团队发明的超窄线宽高可调谐超稳激光技术，解决了该公司在燃气工业用户安全生产运营远程监管系统中的关键问题。

相关成果形成论文多篇，授权代表性发明专利10项，其中包含获授权欧洲和美国发明专利各1项。

▲ 单分子量子相干光谱仪样机

肖连团，xlt@sxu.edu.cn，山西大学

低温光谱发射率测量实验装置

准确的光谱发射率数据在辐射测温、遥感、航空航天等技术领域有着重要的应用。与中高温光谱发射率测量技术不同，低温辐射信号微弱、测量难度较大、测量装置少，而且温度范围有限。

河南师范大学刘玉芳教授团队针对商用低温黑体指标不高、低温光谱辐射信号弱、低温样品表面温度难以准确测量等难题，通过技术攻关，研制出了一套稳定、准确、可靠的低温光谱发射率测量实验装置，装置性能指标达到了国际先进水平。该实验装置可为太阳能光谱选择性吸收器、超表面高发射器、星载热控器件等提供高精度光谱发射率检测，服务于我国航空航天、红外伪装等领域的重大需求。

仪器的主要创新点如下。

（1）采用二级控温、分段调温的方法，自主研制了高精度低温调温黑体，其温度范围在−150～150℃，控温精度为0.01℃，有效发射率优于0.999，达到了国际先进水平。

（2）研制了高真空低温光学斩波器，结合商用的锁相放大器及傅里叶红外光谱仪外置数据采集模块，建立了目标信号调制放大系统，实现了调制放大系统与光谱探测系统的联用，有效减小了光谱仪的背景热噪声和探测器本底响应噪声信号对测量结果的影响，实现了低温辐射信号的高精度测量。

（3）研制了高精度的低温样品炉，建立了基于热平衡方程的样品表面中心温度迭代计算方法，并针对大角度下样品椭圆测量区域内的温差，建立了样品不等温测量区域温度修正方法，实现了样品表面温度的精确测量和控制。

仪器的主要技术指标如下表所示。

主要技术指标

参数	预期指标	实测指标	完成情况
可测量样品温度范围	−60～100℃	−80～150℃	优于
可测量波长范围	1～1000μm	1～1000μm	达到
样品表面温度测量精度	±0.01℃	±0.01℃	达到
样品表面温控精度	±0.1℃	±0.02℃	优于
黑体测温和控温精度	±0.01℃	±0.01℃	达到
黑体有效发射率	>0.999	>0.999	达到
样品腔真空度	10^{-4} Pa	10^{-4} Pa	达到
光路系统真空度	10^{-2} Pa	10^{-4} Pa	优于
角度调整范围及精度	0～80°，0.1°	−90°～90°，0.1°	优于
发射率测量不确定度	<0.01	<0.01	达到

该仪器解决了低温光谱发射率测量中的多项关键难题，开发了包括高精度低温黑体温控设计、低温目标光谱辐射信号精确提取、高精度低温样品表面温度计算及测量区域温度修正、装置响应函数多温标定、高真空低温光路系统研制、高真空低温运动系统设计、低温探测器响应漂移修正等在内的多项关键技术。

相关成果形成论文多篇，获授权代表性国家专利5项。该仪器可模拟多种环境，能对不同温度下的低温目标光谱发射率进行精确测量，测量精度高、测量波段覆盖近–中–远红外，能够用于飞行器热控、隐身涂层、太阳能和辐射制冷器件的性能评价，具有广阔的应用前景。该仪器将有力推动低温光谱发射率测量标准的建立，助力我国航空航天、红外伪装等领域的快速发展。

▲ 低温光谱发射率测量装置

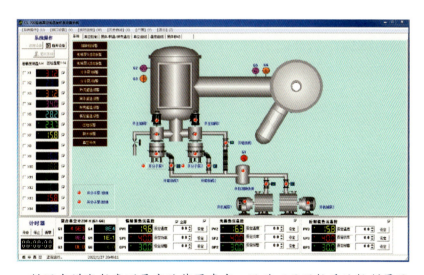

▲ 低温光谱发射率测量实验装置真空、运动以及温控系统控制界面

李龙飞，lilongfei@htu.edu.cn，河南师范大学

4 ～ 10 微米连续可调红外激光光谱仪

红外光谱仪是物理学、天文学、生命科学、材料学等基础科学研究的关键仪器，尽管傅里叶红外光谱仪（Fourier transform infrared spectrometer，FTIR）已是科研标配，但其无法满足基础前端研究对高亮度、高分辨率光源的需求。鉴于量子级联激光器小型、大功率、可大范围调谐的特点，在 4 ～ 10μm 的红外波段用量子级联激光器替代 FTIR 中的 Globar 非相干辐射源可以显著提高光谱仪的亮度和分辨率，为红外光谱学的研究提供更新颖的手段与工具。

中国科学院半导体研究所刘峰奇研究员团队以国家重大需求为导向，依托团队前期在量子级联激光器（quantum cascade laser，QCL）方面 20 余年的工作积累，通过独特的有源区设计和多腔集成能力，研制出一款以室温连续工作、波长 4 ～ 10μm 内可调谐、以 QCL 为核心光源的高亮度、高分辨率红外激光光谱仪，为红外光谱学的研究提供了新的手段和工具。该仪器的调谐带宽较大、应用面很广，主要特点是高亮度和高分辨率，这需要有强大的 QCL 材料基础做保证。仪器研制的主要难点是多波长 QCL 的室温连续工作及小型化集成。

仪器的主要创新点如下。

（1）原理创新。在 4 ～ 10μm 的红外波段用激光源替代 FTIR 中的 Globar 非相干辐射源。

（2）技术创新。以波长可大范围裁剪的小型化 QCL 为核心光源。

（3）指标创新。研制的宽调谐 QCL 能够在室温连续的模式下工作，比国际上正在研制的同类仪器（脉冲工作）具有更高的亮度和光谱分辨率。

（4）独到的设计思想。在长波红外波段的有源区引入独特的量子点结构设计，既能保证有效的光增益，又能大范围拓展增益谱的带宽，有利于实现单管的较宽调谐范围。

仪器的主要技术指标如下表所示。

主要技术指标

技术指标	目标指标	完成指标	国际同类仪器水平
波长覆盖范围	4 ～ 10μm	4 ～ 10μm	5.6 ～ 13.2μm
工作温度	室温	22.1℃	室温
工作模式	直流驱动	直流驱动	直流驱动
功率	> 10.0mW	> 10.1mW	> 5.0mW
最高调节精度	< 0.1cm^{-1}	0.08cm^{-1}	0.1cm^{-1}
光谱重复性	< 0.1cm^{-1}	0.06cm^{-1}	—
光谱准确性	< 0.1cm^{-1}	0.08cm^{-1}	—
线宽	< 0.001cm^{-1}	6MHz，< 0.001cm^{-1}	< 0.001cm^{-1}

技术指标	目标指标	完成指标	国际同类仪器水平
体积	500mm × 400mm × 300mm	680mm × 400mm × 300mm	350mm × 300mm × 250mm
质量	20kg	20kg	< 10kg

　　相关成果形成论文多篇，获受理或授权发明专利11项。该仪器不但可以实现痕量气体检测的基本功效，还可以测量固体、液体的吸收谱线，以及作为激发源测试量子阱材料体系的声子物理和光子吸收过程，探索基础前沿物理中所面临的一些问题。仪器已提供给国内多家用户使用，如华中科技大学通过该仪器完成了甲烷和丙烷的灵敏检测；中国人民解放军防化指挥工程学院使用该仪器实现了有毒有害气体的灵敏检测和5m距离的遥测距离；科学技术委员会生物太赫兹主题专家组使用该仪器作为生物细胞的激发源，发现了很多生物效应；山西大学使用该仪器实现了一氧化氮气体的7ppb灵敏检测。仪器还作为激发源提供给中国科学院半导体研究所马文全研究员，协助其发现了InAs/GaSb二类超晶格的多光子吸收过程。此外，研制的量子级联激光器材料与器件已经与中科创星达成转化协议，预估专利转化费为2000万元。

◀ 连续可调红外激光光谱仪样机

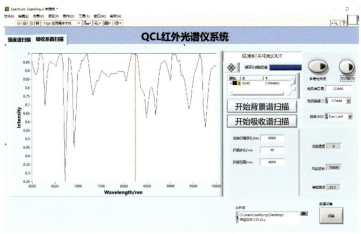

◀ 光谱仪测试操作界面

张锦川，zhangjinchuan@semi.ac.cn，中国科学院半导体研究所

基于 1.645 微米全固态单频脉冲激光器的人眼安全远程相干激光测风雷达

远程相干激光测风雷达具有探测距离远、时空分辨率高、晴空探测能力强等优势，可解决晴空大气风场的探测问题，获得风速、风向等气象基础数据，在航空航天安全保障、城市环境监测、灾害性天气预报和国防等领域有重要的应用需求。

北京理工大学高春清教授团队研制的基于 1.645μm 全固态单频脉冲激光器的相干多普勒远程激光测风雷达，以自主研发的 1.645μm 全固态单频脉冲激光器为光源，通过高效收发光学系统向大气中发射人眼安全波段的单频激光脉冲，接收大气中气溶胶粒子后向散射的回波信号，利用高灵敏度的相干探测系统测量回波信号的多普勒频移并计算风场信息和高精度扫描系统，实现风场扫描与大于 20km 风场的高精度探测。

仪器的主要创新点如下。

（1）在远程相干激光测风雷达的光源方面，解决了人眼安全波段 Er:YAG 单频非平面环形腔的单频运转技术，实现了高效率窄线宽的单频激光输出；解决了高重频的 Er:YAG 调 Q 激光器的单频运转技术，创新性地提出了 "multi-pass"（多通道）谐振腔结构，实现了单频 Er:YAG 激光器的高重频运转，实现的 1.645μm 单频脉冲激光器主要技术指标已达到国际领先水平。

（2）在大动态范围回波信号探测技术方面，设计并研制了高灵敏度的相干探测分系统，优化了相干探测系统中的本征光/信号光功率比，实现了最佳的相干探测性能，提升了最大探测距离。针对相干探测分系统中出现种子激光漏光产生的连续光干扰情况，创新性地通过优化声光控制时序和控制技术，有效消除了种子激光漏光的情况，解决了风速反演结果失真的问题。

（3）在激光测风雷达信号处理方面，创新性地提出中频纠正方法，通过探测脉冲频移，利用高速数据采集卡中的模-数转换器（ADC）与现场可编程门阵列（FPGA）以及程序设计对频谱信号开展实时纠正，降低了对激光器的频率稳定性要求，同时提高了信号处理效率和弱信号探测能力，解决了探测过程中因激光频抖动产生的噪声和误差。

（4）研制了国内外首台探测距离大于 20km 的基于 1.645μm 全固态单频脉冲激光器的人眼安全远程相干激光测风雷达，仪器性能指标达到了国际先进水平，实现了国内远程相干激光测风雷达的突破。研制的人眼安全远程激光测风雷达经同行与第三方机构测试，全部达到项目计划书中的要求。

人眼安全远程激光测风雷达的技术指标如下表所示。

人眼安全远程激光测风雷达的技术指标

技术指标	目标指标	测试结果
测量范围	500m～20km	270m～22.05km
径向风速范围	−38.0～38.0m/s	−41.1～41.1m/s
距离分辨率	60m	45m
径向风速分辨率	＜0.20m/s	0.07m/s
径向风速精度	＜1.00m/s	0.54m/s
方位角扫描范围	0～360°	0～360°
方位角扫描精度	±0.1°	±0.0053°
仰角扫描范围	−5°～+185°	0～360°
仰角扫描精度	±0.1°	±0.0208°

1.645μm 单频激光器的技术指标如下表所示。

1.645μm 单频激光器的技术指标

技术指标	目标指标	测试结果
激光波长	1.645μm	1.645μm
纵模模式	单纵模（单频）	单纵模（单频）
脉冲能量	≥10mJ	10.52mJ
重复频率	1000Hz	1000Hz
脉冲宽度	（300±150）ns	276ns
脉冲激光线宽	≤1.5 倍衍射极限	1.4 倍衍射极限
频率稳定性	≤2MHz@2h	1.98MHz@2h
偏振态	线偏振	线偏振
光束质量（M^2）	≤1.3	M_x^2=1.19，M_y^2=1.27
光束口径	10cm	9.8cm
种子激光功率	≥1W	1.376W
种子功率稳定性	≤1%	0.66%
种子激光线宽	≤15kHz	8.8kHz

相关成果形成论文多篇，获受理或授权发明专利6项，获软件著作权3项。该仪器可用于低空风切变的实时监测和大范围精细风场探测，获得风速、风向等气象基础数据，对飞行安全和机场安全，以及为智慧城市建设与环保事业发展提供信息服务具有重要意义。

▲ 人眼安全远程相干激光测风雷达样机

高春清，gao@bit.edu.cn，北京理工大学

城市地下扰动场分布式光纤感测仪

城市地下基础设施已成为城市运行的重要物质基础。我国地下基础设施线路长、体量大，随着地下基础设施服役年限的增加，设施的损伤加剧、大空间结构工程事故及工程灾害频发，严重威胁了人民群众的生命安全和城市的安全运行。可靠、实时、高效、低成本、非开挖地实施城市地下基础设施的安全健康监测是目前面临的世界难题。

南京大学张旭苹教授团队着力于研究复杂封闭环境中的城市地下温度场、应力场、化学场和渗流场等多扰动场之间的相互作用、相互耦合和相互影响机理，在上述扰动场作用下，研究了各种安全隐患产生和演变的规律等科学问题。团队采用单源、单纤多参量同步获取、强光学背景噪声中的微弱低频信号提取、扰动源定位与声场特征提取等关键核心技术，研制了基于城市地下既有通信光缆网络的高精度微扰场多参量连续分布式光纤感测仪，建立了地下基础设施微扰动场感知体系，以便及时发现地下基础设施隐患，实现对城市地下基础设施的非开挖、长期、便捷、实时健康监测和安全隐患预警，为地下基础设施结构服役期间的损伤演化规律提供了直接、有效的工具，同时也为地下重大灾害的分析和研究提供了新的科学手段。

仪器的主要创新点如下。

（1）实现了基于瑞利散射和布里渊散射的融合传感系统，可通过单源、单纤、单端对应变、振动、温度进行分布式同步感测，测量指标先进，技术水平国际领先。实现了对偏振噪声的抑制机制。

（2）通过偏振分集、空分复用等方案，将偏振噪声、相位噪声引起的信号失真降低到1%，显著增强了微扰动分布式光纤传感系统的灵敏度。可为城市地下扰动场的探测提供高准确度、高同步性的沿时间、空间分布的丰富传感信息，对城市地下扰动场的观测和演化分析提供了重要的技术支撑。

（3）首创了基于光纤分布式振动传感设备的城市地下区域异常扰动场数据集。采集到的异常扰动场数据主要有泄漏、地下异常振动两大类，包括气孔泄漏、气缝泄漏、水孔泄漏、水缝泄漏、打夯机夯地、挖掘机挖掘、风镐、人工挖掘、高铁、敲击等共10种数据样本。共收集地下扰动场数据集1018万条，完成了区域声纹数据处理分析与采集验证系统，为城市地下扰动场信号的收集和处理提供了保障。

（4）提出了分布式光纤传感中的多域压缩感知测量和基于混合特征与加权随机森林算法的扰动源辨识方法，对扰动事件的识别准确率达到98.16%，定位精度达到2m，定位时间小于1s。

（5）将海量数据进行高保真压缩，显著降低了传感系统的算力需求，极大抑制了随机噪声的影响。通过结合时域、空间域、频域等多种特征，在数据集海量数据的优化支持下，显著提升了对扰动源状态识别的准确率。

该仪器的主要指标：传感距离为50km，振动事件频率范围为0.1Hz～20kHz，频率分辨率为±1Hz，横向监测距离≥20m，定位误差≤1m，温度感测范围为−40～250℃，测量不确定度为±1℃，形变应变测量范围为−5000～15000με，测量不确定度为±20με，振动应变测量范围为50nε～50με，测量不确定度为±20nε。

团队研制了具有自主知识产权的多参量连续分布式光纤感测仪，通过合作单位南京法艾博光电科技有限公司实现了仪器转化。面向国家重大工程，在全国10余个省份开展相关技术的应用推广工作，取得了显著的经济与社会效益，累计新增产值5.8亿元，新增利润12470万元。在电力设施与装备全生命周期监测应用中，10余项电力监测应用得到落地，支撑了中国电力技术"走出去"，推进了国家"一带一路"建设。团队基于既有的通信光缆开展了城市地下基础设施状态监测应用，技术成果成功应用于北京冬奥会热力管线维护，圆满完成了供热保障任务。团队开展了地质资源勘探与灾害预防应用，技术成果成功应用于"引江济淮"工程干线输水管道的在线监测，保障了国家"南水北调"重大战略的安全实施。该分布式光纤感测仪还在城市地下电缆线外破监测，高压/特高压架空输电线覆冰、舞动与雷击监测，水下光电复合缆安全健康实时监测，风力发电场设施与装备安全监测，边坡稳定性监测等多个领域获得成功应用。

相关成果形成论文多篇，申请发明专利64项，其中获授权发明专利46项，获江苏省科学技术奖一等奖1项、北京市科学技术进步奖二等奖2项、内蒙古自治区科学技术进步奖二等奖1项。此外，还获得2023年第48届日内瓦国际发明展铜奖、2023年度中国安装协会科学技术进步一等奖、2022年中国仪器仪表学会技术发明奖一等奖、首届"金燧奖"中国光电仪器品牌榜铜奖、2019年度电力建设科学技术进步奖三等奖等奖项。成果"分布式光纤多参量微扰动感知技术"通过了江苏省生产力促进协会技术鉴定。由本领域知名的7位院士尹浩、姜德生、庄松林、王金龙、黄维、姜会林、史生才组成的评价组的评价意见为"该成果总体达到国际先进水平，其中单源、单纤、单端多参量传感技术达到了国际领先水平"。

▲ 多参量连续分布式光纤感测仪样机

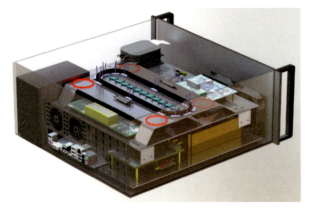

▲ 多参量连续分布式光纤感测仪内部架构示意

张旭苹，xpzhang@nju.edu.cn，南京大学

全景双谱段红外成像光谱干涉测量及反演仪器

我国的环境保护及安全生产形势日益严峻，环境污染及灾害事故频发，这对用于突发化学品泄漏、环境和安全监测、有毒有害物质监控及反恐防化等领域现场检测的强环境适用性、高稳定性及高可靠性宽谱段大视场红外成像光谱技术提出了十分迫切的需求。傅里叶变换红外光谱成像技术因其具有高通量、高分辨及高测量精度等优势，已成为探测与识别复杂场景目标不可或缺的重要技术手段。干涉系统作为傅里叶变换光谱仪的核心光学调制结构，其稳定性和采样精度是决定仪器整体性能的关键要素。通用的傅里叶变换红外光谱成像技术的干涉系统采用动镜扫描方式，结构复杂，实时性与环境适应性差，且高精度、高可靠性的先进精密扫描技术长期被发达国家垄断，严重限制了我国同类技术的研究进程，发展自主可控的傅里叶变换红外光谱成像技术迫在眉睫。

为了满足工业污染排放与突发安全事故对在线实时监测分析仪器的迫切需求，中国科学院长春光学精密机械与物理研究所梁静秋研究员团队研制出全景双谱段红外成像光谱干涉测量及反演仪器。该仪器在宽谱段高分辨双通道一体化静态干涉测量、轻小型静态干涉系统高精度与跨尺度核心器件制作、高稳定性实时静态干涉测量大视场共口径成像、干涉图谱高精度反演等关键技术上取得了突破性进展，使我国在红外大视场宽光谱成像测量技术领域达到国际先进水平，对促进我国科学仪器技术水平的跨越式发展具有重要的推动作用。

仪器的主要创新点如下。

（1）在国际上首创性地发明了基于大阶梯数密排列光学微机电系统（MOEMS）多级微反射镜全程差序列同步静态采样干涉测量方法，攻克了高精度微光学器件加工及小体积干涉系统封装技术，实现了实时测量下 3～5μm 和 8～12μm 宽光谱范围与 3.9cm^{-1} 的高光谱分辨率。

（2）发明了基于硅各向异性腐蚀、控制生长多层膜及厚膜倒装技术的跨尺度大阶梯数密排列 MOEMS 多级微反射镜及轻型栅格分束器等静态干涉系统核心器件制作方法，攻克了高精度、跨尺度制造关键技术，实现了亚微米级子阶梯高度、大尺度多级微反射镜和微米级分束面厚度、大尺度轻型栅格分束器，为宽谱段和高分辨率光谱测量提供了核心技术。

（3）基于 MOEMS 多级微反射镜静态采样干涉测量方法，采用时空联合调制方式，提出双谱段成像、双通道干涉一体化精密集成结构，突破了快速扫描下红外全景双谱段双通道图谱信息的高精度反演，攻克了大视场、双谱段、高分辨红外光谱成像快速探测的技术难题。

（4）提出了基于高稳定性实时静态干涉测量的共口径成像方法，攻克了中长波红外干涉成像中大数量级像散、宽谱段色差和超宽温热像差消除技术难题，空间分辨率达到 0.3m@2000m。

（5）提出了干涉图谱高精度反演方法，突破了干涉图像单元精确分割、双谱段干涉图像精准匹配、图谱信息高精度重构及反演等关键技术，实现了快速扫描下红外全景双谱段双通道图谱信息的高精度反演，120° 扇形区域扫描时间仅 25.33s，达到同类技术国际先进水平。

（6）进行了红外面阵探测器非均匀噪声校正，完成了成像光谱测量系统相对辐射标定、光谱波数标定和绝对辐射标定流程，标定后波数平均相对偏差低于$0.1cm^{-1}$，测量黑体辐射时各光谱通道不同温度点下的比值残差小于0.5%。

（7）进行了全景双谱段红外成像光谱干涉测量及反演系统的集成研究，完成了高精度集成装调及测试，研发了多模态多轴系闭环控制与高精度定位控制系统，开发了图谱处理软件，实现了$360°$全景红外图谱的现场实时测量及反演。

该仪器的关键技术指标经吉林省电子信息产品检验研究院检测，处于国际先进水平。

该仪器的部分关键技术指标如下表所示。

部分关键技术指标

性能指标	计划完成	实际完成
光谱范围	$3\sim5\mu m$（中波红外）和 $8\sim12\mu m$（长波红外）	完成
光谱分辨率	$64.0cm^{-1}$（宽谱段干涉通道）$4.0cm^{-1}$（精细光谱干涉通道）	$60.5cm^{-1}$（宽谱段干涉通道）$3.9cm^{-1}$（精细光谱干涉通道）
空间分辨率（2km 作用距离）	0.3m	0.3m
扫描视场角	$360°×60°$	完成
双谱段光谱数据周视扫描刷新率	28s（$120°$扇形方位扫描视场）	25.33s（$120°$扇形方位扫描视场）
MTF（实验室、静态、Nyquist 频率）	$\geqslant0.2$	中波 MTF 0.381 长波 MTF 0.307
图像数据量化位数	14bit	完成
NETD	0.2K（中波红外成像系统）0.2K（长波红外成像系统）	0.107K（中波红外成像系统）0.185K（长波红外成像系统）
数据处理速率	125MB/s	完成
仪器总重量	$\leqslant35kg$	33.90kg
功耗	$\leqslant120W$	111.8W
接口要求	标准 Camera Link 数据接口	完成

相关成果形成论文多篇，获授权发明专利9项。研制出的2台工程样机，即全景双谱段红外成像光谱干涉测量及反演仪器和中波红外单谱段单通道成像光谱仪在工业污染气体排放监测和安全生产监测领域获得应用，在化工园区开展了应用示范，并已与东华软件股份公司达成转化及应用合作意向，分别与青岛明华电子仪器有限公司、光力科技股份有限公司和东华软件股份公司就工业污染气体排放监测和安全生产监测方面开展了应用合作。

▲ 全景双谱段红外成像光谱干涉
测量及反演仪器样机

▲ 全景扫描红外干涉成像操作界面

梁静秋，liangjq@ciomp.ac.cn，中国科学院长春光学精密机械与物理研究所

单次测量超短超强激光远场处脉冲信噪比的超高动态范围互相关仪

高能量密度物理前沿科学研究不仅要求超短超强激光具有超高的峰值功率，还必须确保激光有超高的脉冲信噪比质量（脉冲峰值强度与其前沿噪声的比值）。为了攻克当前建设中的十拍瓦强激光和未来百拍瓦极端强激光的超高信噪比挑战，迫切需要相关仪器能够单发次测量超高信噪比（10^{12}），这需要同时解决单发次测量、强激光破坏、单光子超快探测等关键技术难题。国际上至今仍未有成功的测量先例，严重制约了强激光领域的创新发展。

针对上述问题及国家重大专项建设需求，上海交通大学钱列加教授团队解决了超高信噪比单发次测量难题，提出了"时间映射和拉伸"的"超快示波器版本"测量策略，发明了双通道互相关测量等关键技术，首次在强激光测量中观察到了少光子探测中的探测器"散粒噪声"量子效应；实现了远超国际最新报道结果的超高动态范围（10^{13}）；研制了三套具有10^{13}超高测量能力的单发次互相关仪，包括800nm波长的双通道版本、1μm波长的单通道版本和2μm波长的单通道版本。研制的信噪比单发次测量仪已应用于国家重大专项工程建设和大科学设施，为提升我国强激光的脉冲信噪比质量水平做出了贡献。

仪器的主要创新点如下。

（1）将单发次超快测量能力推向原理极限，解决了超高信噪比脉冲的产生与单次测量之间相互纠缠的两个难题。提出了"时间映射和拉伸"的超快单发次测量的策略，支持采用光电倍增管和示波器测量超短脉冲，将测量灵敏度提高至"单光子"水平；另外，系统可承受的最高峰值光强由光学系统元件的损伤阈值限定。为了验证极限的信噪比测量能力，提出了"合成空间高对比度光束"模拟"时域高信噪比脉冲"的时空类比表征方法，即将强而窄的飞秒光束与弱而宽的连续激光束空间合成起来，构造已知超高对比度的光束，在"时空编码"机制下可等价为时域超高信噪比待测脉冲。利用这种创新的时空类比等价方法，验证了由"强激光损伤"和"单光子探测"决定的极限动态范围（10^{13}）。

（2）发明了双通道互相关测量技术，破解了脉冲信噪比单次测量中的时间窗口范围与分辨率之间的对立性矛盾，同时实现了大时间窗口与高分辨。双通道互相关测量中，一个通道采用大角度非共线和频构型，具有大的测量时间窗口（但分辨率较低）；另一个通道采用小角度非共线和频构型，具有高的时间分辨率（但时间窗口较小）。双通道的互相关信号被两个完全相同的探测系统所接收，并由同一个示波器采样存储。

（3）首次具备了通过测量时间域对空间域分布元器件噪声进行溯源的能力。将超高信噪比脉冲的单次测量从以往传统的近场互相关拓展到远场互相关。利用时空互相关技术，测量了啁啾脉冲放大系统中光噪声的时空分布，首次在实验中发现了光栅等角色散元件的表面散射引发的具有时空耦合特征的噪声。根据测量结果呈现的噪声斜率（斜率代表时空系数）追溯噪声来源，便于对激光系统进行针对性优化。

该仪器的主要技术指标如下表所示。

主要技术指标

技术指标	预期指标	完成情况
工作波长	$0.8 \sim 1.1\mu m$ $2.0 \sim 2.5\mu m$	研制了 $0.8\mu m$、$1\mu m$、$2.2\mu m$ 三个波长版本仪器
动态范围	10^{12}	10^{13}，逼近由"单光子探测"和"强激光损伤"决定的原理极限
单次测量时间窗口	$50 \sim 100ps$	将单发次测量窗口突破至 114ps
时间分辨率	100fs	在双通道互相关技术框架下，高分辨率通道时间分辨率可达 100fs
远场信噪比 的测量功能	测定已知时空噪声 并与近场测量对比	测量并甄别了强激光系统的时空光噪声，新发现了"非线性拍频噪声"和"时空耦合噪声"两种噪声产生机理

相关成果形成论文多篇，获2017年度教育部技术发明奖一等奖和2018年度上海市科学技术进步奖一等奖。当前，研制的单次测量超短超强激光远场处脉冲信噪比的超高动态范围互相关仪有800nm波长的双通道版本、1053nm波长的单通道版本和2200nm波长的单通道版本，已应用于中国科学院/中国工程物理研究院的高功率激光物理联合实验飞秒数拍瓦激光、神光Ⅱ高能皮秒拍瓦激光及上海交通大学的百太瓦中红外强激光系统，为我国拍瓦和未来百拍瓦激光的脉冲信噪比单发次测量提供了关键的技术支撑。该仪器的主要应用领域有强激光系统脉冲信噪比的超高动态范围单发次测量，强激光系统的噪声溯源及产生机理研究，强激光系统的脉冲信噪比提升，以及生命科学、高能天体、非线性科学等其他超快和超高"帧频"测量领域。

（a）1μm 单通道版本

（b）800nm 双通道版本

（c）数据自动读取分析系统

▲ 单次测量超短超强激光远场处脉冲信噪比的超高动态范围互相关仪

马金贵，majg@sjtu.edu.cn，上海交通大学

基于激光诱导荧光及吸收光谱融合的瞬态燃烧场定量测量装置

测量燃烧过程温度场和燃气组分是改善航空发动机燃烧室的燃烧状况、提高燃烧效率、降低污染物排放的先决条件，高可靠、高性能航空发动机的研制迫切需要时间和空间分辨率高的多参数场同步定量测试仪器。受复杂流场结构及高温高压环境影响，以及燃烧室复杂结构和测试精度的限制，目前多数的测试装置只能获得定性的测量信息，得不到定量的测量结果。

北京航空航天大学徐立军教授团队发明了聚焦航空发动机燃烧过程的先进光学诊断技术，将激光诱导荧光和激光吸收光谱相融合，成功研制了瞬态燃烧场定量测量仪器，实现了燃烧场的温度场、组分浓度场的高空间分辨率的定量测量。

仪器的主要创新点如下。

（1）建立了受限空间条件下燃烧过程的多物理场融合模型。在航空发动机的燃烧室中，燃油会雾化、蒸发、掺混、发生化学反应，与多尺度湍流相互耦合。燃气在燃烧室内的流动过程中，其组分和温度会随着燃烧状态、传热及油气混合等条件的变化而迅速发生变化，故温度和组分浓度是刻画这一过程的两个关键参数。激光吸收光谱与激光诱导荧光分别从两个不同侧面反映了燃烧场内燃气的温度和组分浓度的不同分布信息。因此，团队提出将温度、组分浓度等多物理场信息与光学测量数据进行融合的建模方法。团队通过数值仿真和初步的实验分析，验证了融合模型和融合重建方法的有效性，为瞬态燃烧场高分辨定量测量提供了理论依据和高分辨测量途径。

（2）研发了多物理场耦合的非线性逆问题求解方法。燃烧过程涉及复杂的温度、浓度等多参数的非线性耦合问题，并且温度、浓度参数与吸收光谱和荧光光谱之间的关系也是非线性强耦合。团队创新性地将直方图与图像反演重建技术相结合，形成了温度和组分浓度的数据对集合，获得了新型离散化模型；发展了动态光谱信号提取手段，获得了更多的独立测量值，降低了所求解非线性逆问题的病态程度。

（3）研发并验证了基于激光吸收光谱技术的荧光图像修正方法，解决了气体吸收导致的荧光图像失真问题。该方法提高了荧光图像对燃烧场形态刻画的准确性，使荧光图像可以服务于燃烧场参数的定量测量。所研究的方法应用于火焰中OH^-基团浓度的定量测量，纠正了普遍存在的吸收效应导致的图像失真问题，提高了测量的准确性。

（4）研发了基于迭代解耦的激光吸收光谱与诱导荧光光谱数据融合方法。该方法将激光吸收光谱层析成像得到的低分辨率温度场定量图像与荧光强度图像代入融合模型中，得到了中间产物（如OH^-、$HCHO$等粒子）的浓度分布，进而迭代、修正了荧光强度和多种组分浓度分布图像。该方法融合了激光吸收光谱和诱导荧光光谱的数据，实现了温度场、多种组分浓度场和荧光数据之间的迭代解耦，可求解高空间分辨率的瞬态燃烧场温度和浓度分布。

（5）设计了五角度激光吸收光谱与诱导荧光一体化传感器，实现了激光吸收光谱和诱导荧光光谱的时间与空间的同步测量；通过开发自主知识产权的采集系统，解决了大量光谱数据的实时传输问题，系统采样率高达80MHz，支持60路光谱数据并行采集，数据上传速率可达100MB/s；开发了具有自主软件著作权的上位机程序，实现了样机的实时控制与在线测量。

研制的基于激光诱导荧光及吸收光谱融合的瞬态燃烧场定量测量装置样机，可用于多种燃烧场温度和组分浓度的高分辨率定量测量，并配套有相应的测试软件。经过对标准平焰燃烧器的测试，仪器的部分关键技术指标如下表所示。

部分关键技术指标

性能指标	计划完成	实际完成
温度测量范围	800～2500K	300～2500K
温度测量精度	±2%	±2%
浓度测量精度	±5%	±4%
TDLAS 单帧采样时间	不高于100μs	100μs
PLIF 单帧采样时间	不高于100ns	50ns
空间分辨率	0.2mm×0.2mm	0.2mm×0.2mm

相关成果形成论文多篇，形成中文专著1部，编写工业和信息化部"十四五"规划教材1部，参与编写英文专著2部，申请发明专利39项，获授权发明专利9项，获2019年度教育部科技发明奖一等奖。

该仪器的主要应用领域包括火焰燃烧机理分析和用于支撑航空发动机燃烧室设计。仪器已成功应用于航空发动机气动热力国家重点实验室的航空发动机五头部多旋流分级燃烧室模型，实现了温度、OH⁻浓度和水分子浓度的定量测量。

该仪器可对航空发动机燃烧室内燃烧流场的温度、中间产物及最终产物浓度进行同时测量，为燃烧模型及机理验证提供研究手段与平台，进而为高性能、高可靠、长寿命、低排放的航空发动机燃烧室设计提供一种有效的监测手段。团队与北京航天试验技术研究所建立了先进宇航动力试验测试技术联合实验室，致力于将该仪器应用到火箭发动机监测等领域。

▲ 基于激光诱导荧光及吸收光谱融合的瞬态燃烧场定量测量装置样机

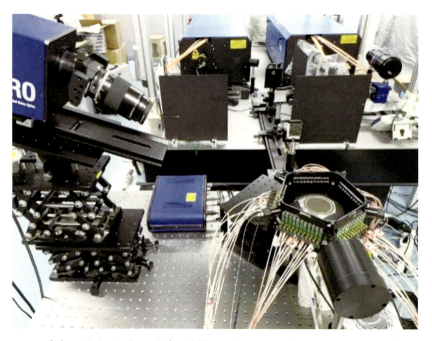

▲ 瞬态燃烧场定量测量装置样机测量火焰温度与 OH⁻ 浓度分布

徐立军，lijunxu@buaa.edu.cn，北京航空航天大学

新型高功率激光光场在线测量仪

激光聚变级高功率激光装置及其他大型激光系统中普遍存在光束质量退化问题，严重制约了系统的综合输出能力，降低了聚焦功率密度，影响到物理实验的成败。缺乏高功率脉冲激光光场单次在线测量仪器将难以对光束质量退化的物理机理进行深入研究并提出解决方案，在一定程度上阻碍了高功率激光装置性能的进一步提升。

中国科学院上海光学精密机械研究所朱健强研究员团队研制了国际上首台基于波前编码成像（WCI）原理的高功率激光光场在线测量仪。仪器不仅结构紧凑、具有高灵敏和高分辨率，还能够一次测出光束指向性、能量集中度、近场均匀性、填充因子和波面平整度等传统上需要多种设备才能完成的测量工作，彻底解决了目前高功率激光检测在精密化、数字化、系统化和智能化过程中遇到的各种难题。该仪器不仅具有完全的自主知识产权，还在性能上超过了美国的同类设备，促进了我国高功率激光技术的快速发展。

仪器的主要创新点和特点如下。

（1）实现了关键器件编码板的优化设计和加工制作。针对高功率激光测量的实际应用场景及需求，优化了编码板设计方案，发展出三种不同类型的波前编码板：设计了适用于不同波长测量的振幅板，振幅板加工精准度高，可以避免复杂的标定过程；优化了透过率高且收敛性好的台阶相位板，形成了大数据量器件结构自动设计能力；发展了无高阶衍射的高信噪比连续相位板，避免了高阶衍射散斑的存在。这三种类型的波前编码板可结合相应的相位重建算法，以解决高功率激光在不同应用条件下的光场在线测量问题。

（2）提出从衍射强度重建复振幅的数学唯一解条件及可解析求解特性。解决了仪器研制过程中相位恢复算法尚未解决的唯一解问题，为仪器研制奠定了最为关键的数学基础。将WCI迭代过程等效为梯度搜索算法，建立了WCI收敛模型，从解方程的角度提出为保证重建结果的唯一性需要满足的基本条件，即有编码板时光斑非0点数是无编码板时光斑非0点数的2倍或有编码板时放大λL（λ为波长，L为衍射距离）倍后的编码板频谱截止宽度与无编码板时光斑截止宽度的比值至少为0.414，通过模拟计算开展了详细的数值验证。

（3）提出一种测量信噪比提升的光场重建光路和相应算法。改进的波前编码光场重建方法通过分光棱镜将待测光束分成两路，其中一路通过编码板并用CCD记录调制后的光束强度，另外一路光束直接用另一个CCD记录其强度。通过记录的两幅强度图像，迭代得到光场的复振幅分布，同时实现测量信噪比的提升。相较于传统的光场测量方法，该方法具有装置简单、测量灵活、分辨率高等优点。

（4）完成新型高功率激光光场在线测量仪测量样机检定。使用类似平面干涉仪的平行平晶进行比对，使用PV=0.01λ的标准透射元件对样机的精度和重复性进行标定，以确定其不确定度。另外，与干涉仪直接比对，通过线性回归曲线确定样机的不确定度。

该仪器的主要技术指标如下表所示。

主要技术指标

技术指标	计划完成	实际完成
测量空间分辨率	优于9μm（远场），200μm（近场）	完成
相位测量精度	0.05λ	完成
仪器尺寸	波前传感单元6cm×6cm×15cm，总体尺寸40cm×45cm×19cm	完成
多波长测量	具备	完成
波前反演	具备	完成

该仪器解决了高功率激光脉冲复振幅光场的高精度测量难题，实现了对三倍频打靶激光的焦斑强度与相位的三维精细重建，充分揭示了输出光束质量退化的本源问题，为激光装置输出能力的有效提升提供了原创性方案，使神光–Ⅱ升级装置的近场对比度改善了50%，输出能力提升了1.5倍，整体性能达到国际先进水平。在以色列国家激光装置研制过程中，团队采用该仪器建立了全链路光场诊断系统，并利用该仪器完备表征出激光光场中多处精确结构，通过优化控制提升了近场和远场光束质量，使得辐照均匀性达到1.8%，满足了该装置在状态方程研究中的核心指标需求。该仪器还为激光聚变等物理实验提供了精确的核心数据，推动了国际相关激光物理研究领域的发展。相关成果形成论文多篇，获授权发明专利14项。

该仪器解决了传统干涉测量技术面临的大相位梯度元件检测难题，实现了离轴抛物面、自由曲面、长焦透镜等面型与中高频误差的高精度测量，为光学元件检测提供了新型、高效的技术手段。仪器的测量范围可延拓至红外线、X射线等不同波段，为解决强场物理、生物医学、材料化学等前沿基础领域中的测量难题提供了一种普适性的数字化精密测量新仪器，具有广阔的应用前景和市场前景。

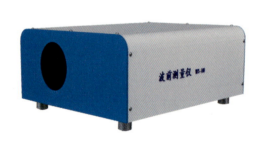

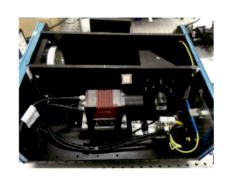

▲ 高功率激光光场在线测量仪样机　　▲ 高功率激光光场在线测量仪内部结构

朱健强，jqzhu@mail.shcnc.ac.cn，中国科学院上海光学精密机械研究所

时空频三域融合全场信息实时连续超快测量系统

超快激光可在实验室模拟多类跨尺度物理图景，重现极端条件物理现象（如天文学黑洞、流体力学怪波、热力学凝聚等），探索物理本质。然而，缺乏高时空分辨、实时连续超快测量手段使得超快激光产生机理至今未明。此外，在爆轰研究中，爆轰波传播及相关化学反应也亟须亚皮秒时间分辨、时空频三域同步测量技术。

华南理工大学杨中民教授团队提出高时间分辨率实时连续成像新原理，突破时域高分辨率和长记录长度难以兼得的国际难题，实现时域分辨率≤50fs的实时连续测量；提出时空全息新技术，解决时空域相位同步获取难题，实现时空域全场信息同步实时测量；提出频域高分辨实时成像新技术，突破频域分辨率和刷新率难以兼得的难题，实现频域分辨率≤1pm的实时测量；开发出时空频同步且刷新率≥2GHz的实时连续超快测量系统，并基于该系统开展激光动力学和爆轰物理测量研究，提升我国基础物理、激光科学与爆轰实验等研究的实力和技术水平。

仪器的主要创新是首次实现了时空频三域全场信息测量和实时连续超快测量，其先进性为：兼有高时间分辨率和实时连续测量能力、兼有超快过程的时域和空域全场信息、兼有高分辨率和高刷新速度的频域超快测量能力、时空频三域融合实时同步重构能力。

仪器的综合性能达到或超越目前国际最高水平，具体如下表所示。

仪器的综合性能

测量技术	时域		空域	频域
	时间分辨率	记录长度	空间分辨率	频率分辨率
STAMP	230fs	< 3ps	13.5μm	无
CUP	lps	< 300ps	33.3μm	无
STRIPED FISH	无	无	3.5μm	2nm
实时光谱干涉仪	400fs	350ps	无	> 10pm
Time-lens + DFT	400fs	60ps	无	300pm
本仪器（已实现）	100fs	连续测量	2.6μm	1pm

仪器研制的现有成果对理解瞬态参数动力学具有重要科学意义，为研究非线性问题创造了新平台。主要价值体现在以下几方面。

（1）通过研制高重频飞秒激光，开发了"连续级联式时间透镜"超快时域测量技术，实现了时间分辨率为百飞秒的连续实时测量，突破了超快测量领域中时间分辨率与记录长度相互制约的技术瓶颈。

（2）通过提出时频信号时分复用的构想，实现了动态范围大于40dB、频域分辨率为1pm、测量值为200nm的高分辨率频域测量，解决了高分辨率频域测量由于信号交叠耦合导致的动态范围小、频域分辨率低、测量范围窄等难题。

（3）实时观察了光学怪波产生过程中的多维度信息，采用不同类型呼吸子的解析解拟合怪波的时域特征，并利用逆散射谱计算了光学怪波全场信息对应的非线性谱，通过类比方法构建了流体力学怪波的理论框架，为研究怪波行为提供了理论与技术支持。

相关成果形成论文多篇，获授权代表性发明专利10项。研制的时空频三域融合全场信息实时连续超快测量系统可用于跨尺度物理学图景和过程、多域信息高速超快测量的应用研究，包括揭示怪波的形成机理、揭示凝聚态的形成机理、对光学怪波形成过程成像、对类玻色-爱因斯坦凝聚态形成过程成像等。

▲ 时空频三域融合同步和重构模块

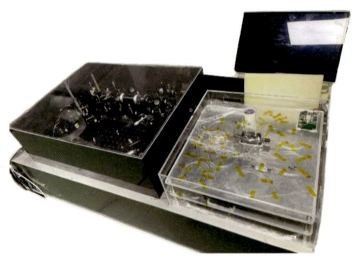

▲ 时空同步实时连续超快成像模块样机

韦小明，xmwei@scut.edu.cn，华南理工大学